Dipl.-Ing. Wolf Siebel

# UKW-Sprechfunk-Handbuch

# VHF/UHF-Frequenzliste 30 MHz–400 GHz



Siebel Verlag

Die Deutsche Bibliothek – CIP-Einheitsaufnahme

**Siebel, Wolf:**

UKW-Sprechfunk-Handbuch : VHF/UHF-Frequenzliste 30 MHz – 400 GHz / Wolf Siebel. – 5. Aufl. – Meckenheim : Siebel, 1994

ISBN 3-922221-72-6

**ISBN 3-922221-72-6**

5., völlig neubearbeitete Ausgabe 1994



Herstellung: betz-druck, Darmstadt-Arheilgen

# Inhalt

# Wichtiger Hinweis

Seit 1992 gelten für Funkempfänger in Deutschland liberalere Bestimmungen. Praktisch gibt es jetzt keine Beschränkungen mehr dazu, welche Frequenzbereiche ein Funkempfänger/Scanner bieten darf, vorausgesetzt, das Gerät bietet mindestens einen Rundfunkbereich und entspricht zudem den neuen Technischen Vorschriften. Dies erkennt man am CE-Zeichen für Inverkehrbringung nach europäischen Normen, oder am BZT-Zeichen mit Bundesadler und Konformitätsinhabernummer (das ist die frühere FTZ/ZZF-Nummer), oder am BMPT-Zeichen mit Amtsblattverfügungsnummer für das Inverkehrbringen nach nationalen Normen und Vorschriften.

Die Freigabe der Funkempfänger aber ist nicht zu verwechseln mit der Erlaubnis, nun damit auch alles empfangen zu dürfen, was man rein technisch empfangen kann. Allgemein genehmigt ist nur der Empfang von Rundfunksendungen und der Amateurfunk-Empfang.

Der Empfang anderer Funkdienste ist ausschließlich den dazu besonders befugten Personen gestattet. Wer unbeabsichtigt solche Aussendungen empfängt, darf Informationen über Inhalt und Umstände der Sendungen nicht an Dritte weitergeben.

Wer gegen diese Bestimmungen des Fernmeldeanlagengesetzes (FAG) verstößt und vorsätzlich andere Funkdienste abhört, macht sich strafbar!

# Warum Sprechfunk auf UKW?

Das vorliegende Buch befaßt sich ausschließlich mit dem Sprechfunk im Ultrakurzwellenbereich (UKW-Bereich) und gibt außerdem einen Überblick über die Nutzung des gesamten Frequenzbereiches oberhalb von 30 MHz.

Der eine oder andere Leser wird sich vielleicht fragen, warum für den Sprechfunk der UKW-Bereich genutzt wird. Diese Frage läßt sich leicht beantworten, wenn man sich einmal mit den Ausbreitungseigenschaften der ultrakurzen Wellen und mit den Anforderungen der Sprechfunk-Benutzer befaßt.

Die ultrakurzen Wellen werden nicht an der Ionosphäre reflektiert – im Gegensatz zur Kurzwelle, die ja durch Reflexionssprünge zwischen „Himmel" und Erde größere Entfernungen bis zu interkontinentalen Entfernungen überbrücken kann.

Die ultrakurzen Wellen breiten sich geradlinig aus. Die Reichweite ist ähnlich der Reichweite von Licht (quasi-optisch). Man spricht auch von der quasi-optischen Ausbreitungszone der Ultrakurzwelle. Allerdings können die Ultrakurzwellen auch etwas darüber hinausreichen. Im flachen Gelände kann je nach Höhe der Antenne und unter normalen Bedingungen eine Reichweite von einigen Dutzend Kilometern bis zu vielleicht 70 bis 100 Kilometern erreicht werden. In bergigen Gebieten dagegen ist die Reichweite sehr begrenzt oder behindert. Vom Fernsehen kennt man die Empfangsprobleme: wer in einem engen Tal oder hinter einem Berg wohnt, hat keinen Empfang und muß eventuell durch einen zusätzlichen Sender versorgt werden.

Die ultrakurzen Wellen kann man also nur für eine Funkversorgung im Nahbereich verwenden bzw. für Funkverbindungen mit „Sichtkontakt", dazu zählt dann allerdings auch der Satellitenfunk, wo es nun wirklich nicht um kurze Entfernungen geht, wo aber der Sichtkontakt im Prinzip vorhanden ist.

Kommen wir zu den Anwendern. Wer große Entfernungen auf der Erdkugel überbrücken will, wird sich z.B. der Kurzwelle bedienen, weil sich sogar weltweite Funkverbindungen mittels Kurzwelle realisieren lassen. Wer einige Hundert Kilometer überbrücken möchte, kann dies besser mit Mittelwellen oder Grenzwelle tun.

Doch die Anwender des Sprechfunks im Sinne dieses Buches wollen gar nicht so weit hinaus. Da gibt es die Baustellen, wo die Arbeiter am Boden dem Kranführer in seiner Kabine Anweisungen geben wollen. Da gibt es die vielen verschiedenen Behörden, Organisationen und Unternehmen, die mit einem Fahrzeug, mit ein paar Fahrzeugen oder mit vielen Fahrzeugen ständig Sprechkontakt halten müssen. Und da sind noch viele andere „Bedarfsträger", wie es so schön im Amtsdeutsch heißt, die mittels Funk Sprechverbindungen über einige Hundert Meter oder einige Dutzend Kilometer herstellen wollen. Für diesen gesamten Nahbereichsfunk bietet sich der UKW-Frequenzbereich an.

*Kraftfahrzeug-Funkgerät KFS 457 (Foto: Bosch)*

## Frequenzbereiche für den Funkverkehr und ihre Benennung

| | |
|---|---|
| 3 bis 30 kHz | Myriameterwellen (Längstwellen)<br>VLF = Very Low Frequency |
| 30 bis 300 kHz | Kilometerwellen (Langwellen)<br>LF = Low Frequency |
| 300 bis 3000 kHz | Hektometerwellen (Mittelwelle und Grenzwelle)<br>MF = Medium Frequency |
| 3 bis 30 MHz | Dekameterwellen (Kurzwellen)<br>HF = High Frequency |
| 30 bis 300 MHz | Meterwellen (Ultrakurzwellen)<br>VHF = Very High Frequency |
| 300 bis 3000 MHz | Dezimeterwellen<br>UHF = Ultra High Frequency |
| 3 bis 30 GHz | Zentimeterwellen<br>SHF = Super High Frequency |
| 30 bis 300 GHz | Millimeterwellen<br>EHF = Extremely High Frequency |
| 300 bis 3000 GHz | Dezimillimeterwellen |

## Umrechnung von Wellenlänge in Frequenz:

$$\frac{300000}{\text{Wellenlänge (in m)}} = \text{Frequenz (in kHz)}$$

| | |
|---|---|
| 1 Kilohertz (kHz) | = 1000 Hertz (Hz) |
| 1 Megahertz (MHz) | = 1000 Kilohertz (kHz) |
| 1 Gigahertz (GHz) | = 1000 Megahertz (MHz) |

# Die Funkverwaltung in Deutschland

Die Verwaltung des Fernmeldewesens in der Bundesrepublik Deutschland wird als hoheitliche Aufgabe vom Bundesministerium für Post- und Telekommunikation (BMPT) in Bonn wahrgenommen. Die Hoheitsrechte besonders auch für den Bereich des gesamten Funkwesens wurden auf das Bundesamt für Post und Telekommunikation (BAPT) in Mainz übertragen, das genauso wie das Bundesamt für Zulassung in der Telekommunikation (BZT) dem BMPT direkt untersteht.

Das BAPT ist u.a. zuständig für die Koordination und Verwaltung des gesamten Funkwesens, also für die Herausgabe der entsprechenden Vorschriften und für die Zulassungen und Genehmigungen von Funkstellen. Das BAPT kümmert sich in diesem Rahmen auch um die Aufklärung von Funkstörungen und um die Überwachung des gesamten Funkspektrums (Funkmeßdienst).

Wer nach Lektüre dieses Buches Fragen im Zusammenhang mit der Errichtung und dem Betrieb von Funkstellen jedwelcher Art hat, wendet sich am besten direkt an das

Bundesamt für Post und Telekommunikation (BAPT)
Postfach 80 01
55003 Mainz
Telefon (0 61 31) 18-0

Dort sind auch die „Vorschriften für das Erteilen von Genehmigungen zum Errichten und Betreiben von Funkanlagen nicht öffentlicher Funkanwendungen" (VornöFa) zu bestellen, ebenso wie Informationsunterlagen über andere Funkdienste (z.B. Amateurfunk).

Das Bundesamt für Zulassungen in der Telekommunikation (BZT) mit Sitz in Saarbrücken kümmert sich um die Geräte, die im Bereich der Telekommunikation angeboten und benutzt werden. Es vergibt auch das sogenannte BZT-Zulassungszeichen (die frühere FTZ- bzw. ZZF-Nummer).

# Gliederung der Funkdienste

Dieses Buch befaßt sich mit den Funkdiensten, die im sogenannten VHF/UHF-Bereich arbeiten, also von etwa 30 MHz aufwärts bis hin in den Gigahertz-Bereich. In diesem Frequenzbereich sind sehr verschiedene Funkdienste anzutreffen, die zunächst einmal in Funkdienste mit und ohne Satellit unterschieden werden. Wir interessieren uns in diesem Buch für die herkömmlichen Funkdienste ohne Satellit, und dabei besonders für den Mobilfunk, den Amateurfunk und am Rande auch für den Rundfunk.

## Der Mobilfunk (Bewegliche Funkdienste)

Fast alles das, was wir gemeinhin unter Sprechfunk verstehen, spielt sich im Bereich des Mobilfunks ab. Die Funkdienste des Mobilfunks werden auch als „Bewegliche Funkdienste" bezeichnet. Merkmal des beweglichen Funkdienstes ist der Umstand, daß Funkverkehr zwischen verschiedenen beweglichen Funkstellen und/oder zwischen beweglichen und festen Funkstellen durchgeführt wird. Der Mobilfunk wird in drei Hauptgruppen gegliedert, mit denen wir uns in diesem Buch ausführlich befassen:

## Mobiler Landfunk

Der mobile Landfunk umfaßt den gesamten Funkverkehr zwischen ortsfesten und beweglichen Landfunkstellen oder zwischen beweglichen Landfunkstellen. Darunter fallen sehr verschiedene Funkdienste, vom Funktelefondienst über Betriebsfunk und den

Behördenfunk bis hin zum Modellfernsteuerungsfunk. Unterschieden wird zwischen öffentlichem und nichtöffentlichem mobilen Landfunk.

## Öffentlicher mobiler Landfunk

- Funktelefon (Mobiltelefon)
- Funkruf (Eurosignal/Citysignal)

## Nichtöffentlicher mobiler Landfunk (nömL)

- Betriebsfunk/Bündelfunk
- Funk der Behörden und Organisationen mit Sicherheitsaufgaben (BOS-Funk)
- Bahnfunk der Deutschen Bahnen
- Privater Hilfsfunk
- CB-Funk
- Binnenwasserstraßenfunk (Rheinfunk)
- Grundstückssprechfunk

## Seefunk

Der Funkverkehr zwischen beweglichen Seefunkstellen (Schiffen) und Küstenfunkstellen sowie zwischen Seefunkstellen untereinander wird als Seefunkdienst bezeichnet. Der Seefunkdienst dient der Sicherheit auf See und der Übermittlung von dienstlichen und privaten Mitteilungen.

## Flugfunk

Der Funkverkehr zwischen Luftfunkstellen (Flugzeugen u.ä.) und Bodenfunkstellen sowie zwischen Luftfunkstellen untereinander wird als beweglicher Flugfunkdienst bezeichnet. Der Flugfunkdienst dient der Luftverkehrslenkung und der Sicherheit des Flugverkehrs sowie der Übermittlungen flugdienstlicher Mitteilungen.

# Kurzüberblick VHF/UHF-Funkdienste

Die nachfolgende Tabelle gibt Ihnen als erste Orientierungshilfe einen groben Überblick über den VHF/UHF-Bereich. Anschließend finden Sie detaillierte Tabellen über die Mobilfunkbereiche (8-m-Band, 4-m-Band, 2-m-Band und 70-cm-Band).

| | |
|---|---|
| 26,9 – 27,4 MHz | CB-Funk |
| 34 – 40 MHz | Mobilfunk 8-m-Band (Betriebsfunk, BOS-Funk) |
| 47 – 68 MHz | Fernsehbereich F I |
| 50 – 54 MHz | Amateurfunk 6-m-Band |
| 68 – 87,5 MHz | Mobilfunk 4-m-Band (Betriebsfunk, BOS-Funk) |
| 87,5 – 108 MHz | UKW-Hör-Rundfunk F II |
| 108 – 118 MHz | Flugnavigationsfunk |
| 118 – 144 MHz | Flugfunk |
| 144 – 146 MHz | Amateurfunk 2-m-Band |
| 146 – 174 MHz | Mobilfunk 2-m-Band (Betriebsfunk, BOS-Funk, Seefunk, Rheinfunk, Autotelefon B-Netz) |
| 174 – 230 MHz | Fernsehbereich F III |
| 230 – 400 MHz | Flugfunk |
| 410 – 425 MHz | Mobilfunk (Bündelfunk Chekker) |
| 430 – 440 MHz | Amateurfunk 70-cm-Band |

| | |
|---|---|
| 440 – 470 MHz | Mobilfunk 70-cm-Band (Betriebsfunk, BOS-Funk, Zugfunk, Mobiltelefon C-Netz) |
| 470 – 790 MHz | Fernsehbereich F IV/V |
| 864 – 868 MHz | Nahbereichsfunk Birdie |
| 885 – 887 MHz | Schnurlose Telefone |
| 888 – 890 MHz | Nahbereichsfunk (geplant) |
| 930 – 932 MHz | Schnurlose Telefone |
| 933 – 935 MHz | Nahbereichsfunk (geplant) |
| 890 – 960 MHz | Mobilfunk (Mobiltelefon D-Netz) |
| 1240 – 1300 MHz | Amateurfunk 23-cm-Band |

*Das robuste Handfunksprechgerät HFE liegt bei jedem Wetter gut in der Hand. (Foto: Bosch)*

# Sprechfunk im 8-m-Band, 4-m-Band, 2-m-Band und 70-cm-Band

Für die beweglichen Funkdienste (ausgenommen der bewegliche Flugfunkdienst) wurden drei Frequenzbereiche (Bänder) festgelegt:

| | |
|---|---|
| 8-Meter-Band: | 34,00 – 40,00 MHz |
| 4-Meter-Band: | 68,00 – 87,50 MHz |
| 2-Meter-Band: | 146,00 – 174,00 MHz |
| 70-Zentimeter-Band: | 440,00 – 470,00 MHz |

Die Bänder sind benannt nach den ungefähren Wellenlängen. Innerhalb dieser Bänder sind bestimmte Bereiche bzw. Kanäle für die einzelnen Bedarfsträger reserviert. Die nachfolgenden Tabellen geben über diese Einteilung Auskunft und zeigen Ihnen, welche Funkdienste in welchen Bereichen arbeiten.

*Foto rechts:*
*Die TELETRON-Sprechfunkgeräte T 8200 ABS und T 8800 ABS für das 2-m bzw. 4-m-Band finden Verwendung im mobilen und ortsfesten Betrieb. Sie sind speziell für den Einsatz bei Automobilclubs (ADAC, AvD, DTC), Autobahnbetriebsdiensten und Straßenmeistereien entwickelt worden. (Foto: Pfitzner Teletron)*

# 8-m-Sprechfunk-Band

| Frequenzbereich | Zuteilung für: |
|---|---|
| 34,36 – 34,74 | Behörden und Organisationen mit Sicherheitsaufgaben (BOS) |
| 34,76 – 34,94 | Verkehrs- und Straßendienste |
| 34,96 – 35,80 | Behörden und Organisationen mit Sicherheitsaufgaben (BOS) |
| 38,46 – 39,84 | Behörden und Organisationen mit Sicherheitsaufgaben (BOS) |
| 34,76 – 34,94 | Verkehrs- und Straßendienste |
| 34,96 – 35,80 | Behörden und Organisationen mit |

# 4-m-Sprechfunk-Band

Frequenzplan für den Funkbereich von 68,00 bis 87,50 MHz (4-Meter-Band) mit einem Kanalabstand von 20 kHz und einem Gegensprechabstand von 9,8 MHz.

| Frequenzbereich | Zuteilung für: |
|---|---|
| 68,00 – 68,04 MHz | Industrie- u. Nahverkehrsbetriebe |
| 68,04 – 68,08 MHz | Vorführungen und Versuche |
| 68,08 – 68,62 MHz | Energieversorgungsunternehmen |
| 68,62 – 69,56 MHz | Eisenbahnen |
| 69,56 – 69,92 MHz | Industrie- u. Nahverkehrsbetriebe |
| 69,92 – 69,94 MHz | zur besonderen Verwendung |
| 69,94 – 69,96 MHz | Forstwirtschaft |
| 69,96 – 69,98 MHz | Umweltschutzbehörden |
| 69,98 – 70,00 MHz | Vorführungen und Versuche |
| 70,00 – 74,20 MHz | nicht zivile Dienste |
| 70,04 – 70,90 MHz | * Eisenbahnen |
| 71,00 – 71,70 MHz | * Industrie- u. Nahverkehrsbetriebe |
| 72,34 – 72,76 MHz | * Energieversorgungsunternehmen |
| 74,20 – 74,80 MHz | Behörden und Organisationen mit Sicherheitsaufgaben (BOS) |
| 74,80 – 75,20 MHz | Flugnavigationsfunkdienst |

| | |
|---|---|
| 75,20 – 77,50 MHz | Behörden und Organisationen mit Sicherheitsaufgaben (BOS) |
| 77,50 – 77,62 MHz | Rundfunkanstalten |
| 77,62 – 77,80 MHz | zur besonderen Verwendung |
| 77,80 – 77,84 MHz | Vorführungen und Versuche |
| 77,84 – 77,88 MHz | Vorführungen und Versuche |
| 77,88 – 78,42 MHz | Energieversorgungsunternehmen |
| 78,42 – 78,72 MHz | Eisenbahnen |
| 78,72 – 80,00 MHz | nicht zivile Dienste |
| 80,02 – 81,00 MHz | * Eisenbahnen |
| 81,00 – 81,70 MHz | * Industrie- u. Nahverkehrsbetriebe |
| 82,34 – 82,76 MHz | * Energieversorgungsunternehmen |
| 84,00 – 87,275 MHz | Behörden und Organisationen mit Sicherheitsaufgaben (BOS) |
| 87,275 – 87,50 MHz | Eurosignal |

* Nur verfügbar im Ruhrgebiet sowie in den Gebieten Hamburg, Hannover und München.

# 2-m-Sprechfunk-Band

Frequenzplan für den Funkbereich von 146,00 bis 174,00 MHz (2-Meter-Band) mit einem Kanalabstand von 20 kHz und einem Gegensprechabstand von 4,6 MHz.

| Frequenzbereich | Zuteilung für: |
|---|---|
| 146,00 – 146,36 MHz | Gemeinschaftsfrequenzen |
| 146,36 – 146,92 MHz | Eisenbahnen |
| 146,92 – 147,28 MHz | Energieversorgungsunternehmen |
| 147,28 – 147,84 MHz | Gemeinschaftsfrequenzen |
| 147,84 – 148,02 MHz | Mietwagen |
| 148,02 – 148,20 MHz | Taxen |
| 148,20 – 148,32 MHz | Industrie- und Nahverkehrs-unternehmen |
| 148,32 – 148,34 MHz | Gemeinschaftsfrequenz |
| 148,34 – 148,40 MHz | Industrie- u. Nahverkehrs-unternehmen |
| 148,40 – 149,14 MHz | Autotelefon (B2-Netz) |
| 149,14 – 149,32 MHz | Industrie- und Nahverkehrs-unternehmen |
| 149,32 – 149,50 MHz | Nahverkehrsbetriebe |
| 149,50 – 149,88 MHz | Energieversorgung |
| 149,88 – 149,90 MHz | zur besonderen Verwendung |

| | |
|---|---|
| 149,90 – 150,05 MHz | Navigationsfunk über Satelliten |
| 150,05 – 150,24 MHz | Versuche und Vorführungen |
| 150,24 – 150,80 MHz | Taxen |
| 150,80 – 150,98 MHz | Nahverkehrsbetriebe (Daten) |
| 150,98 – 151,16 MHz | Klein-Sprechfunkanlagen, Sonstige |
| 151,16 – 151,36 MHz | Flughäfen |
| 151,36 – 151,54 MHz | Verkehrs- und Straßendienste |
| 151,54 – 151,72 MHz | Heilberufe |
| 151,72 – 151,90 MHz | zur besonderen Verwendung |
| 151,90 – 152,10 MHz | Verkehrs- und Straßendienste |
| 152,10 – 152,28 MHz | zur besonderen Verwendung |
| 152,28 – 152,46 MHz | Heilberufe |
| 152,46 – 152,64 MHz | Verkehrs- und Straßendienste |
| 152,64 – 153,00 MHz | Industrie- und Nahverkehrs-betriebe, Bergbahnen |
| 153,00 – 153,74 MHz | Autotelefon (B2-Netz) |
| 153,74 – 153,92 MHz | Industrie- u. Nahverkehrsbetriebe |
| 153,92 – 154,10 MHz | Nahverkehrsbetriebe (Daten) |
| 154,10 – 154,48 MHz | Energieversorgung |
| 154,48 – 154,84 MHz | Energieversorgung |
| 154,84 – 155,40 MHz | Mietwagen |
| 155,40 – 155,58 MHz | Nahverkehrsbetriebe (Daten) |
| 155,58 – 155,76 MHz | zur besonderen Verwendung |
| 155,76 – 155,96 MHz | Sonstige Bedarfsträger (Justizbehörden, Werttransporte, DLRG) |

| | |
|---|---|
| 155,96 – 156,00 MHz | zur besonderen Verwendung |
| 156,00 – 157,44 MHz | Seefunkdienst/Schiffahrt |
| 157,44 – 157,60 MHz | zur besonderen Verwendung |
| 157,60 – 158,34 MHz | Autotelefon (B2-Netz) |
| 158,34 – 159,08 MHz | Gemeinschaftsfrequenzen |
| 159,08 – 159,44 MHz | Energieversorgung |
| 159,44 – 159,82 MHz | Schiffahrt (Häfen/Binnengewässer) |
| 159,82 – 160,00 MHz | Flughäfen |
| 160,00 – 160,20 MHz | Rundfunkanstalten |
| 160,20 – 160,36 MHz | Versuche und Vorführungen |
| 160,36 – 160,48 MHz | Landwirtschaft |
| 160,48 – 160,56 MHz | Personenrufanlagen |
| 160,56 – 160,60 MHz | zur besonderen Verwendung |
| 160,60 – 162,04 MHz | Schiffahrt |
| 162,04 – 162,20 MHz | zur besonderen Verwendung |
| 162,20 – 162,94 MHz | Autotelefon (B2-Netz) |
| 162,94 – 163,30 MHz | zur besonderen Verwendung |
| 163,30 – 163,48 MHz | Gemeinschaftsfrequenzen |
| 163,48 – 163,68 MHz | Taxen |
| 163,68 – 164,04 MHz | Energieversorgung |
| 164,04 – 164,42 MHz | Schiffahrt (Häfen/Binnengewässer) |
| 164,42 – 164,60 MHz | Flughäfen |
| 164,60 – 164,80 MHz | Rundfunkanstalten |
| 164,80 – 165,20 MHz | zur besonderen Verwendung |

| | |
|---|---|
| 165,20 – 165,70 MHz | Behörden und Organisationen mit Sicherheitsaufgaben (BOS) |
| 165,70 – 166,06 MHz | zur besonderen Verwendung |
| 166,06 – 166,24 MHz | übrige private Betriebsfunk-dienste (sonstige Funkdienste) |
| 166,24 – 166,42 MHz | zur besonderen Verwendung |
| 166,42 – 166,84 MHz | Eisenbahn |
| 166,84 – 166,86 MHz | zur besonderen Verwendung |
| 166,86 – 166,90 MHz | Eisenbahn |
| 166,90 – 166,92 MHz | zur besonderen Verwendung |
| 166,92 – 166,94 MHz | Eisenbahn |
| 166,94 – 166,96 MHz | zur besonderen Verwendung |
| 166,96 – 166,98 MHz | Eisenbahn |
| 166,98 – 167,10 MHz | zur besonderen Verwendung |
| 167,10 – 167,18 MHz | Eisenbahn |
| 167,18 – 167,54 MHz | zur besonderen Verwendung |
| 167,54 – 169,39 MHz | Behörden und Organisationen mit Sicherheitsaufgaben (BOS) |
| 169,40 – 169,80 MHz | Klein-Sprechfunkanlagen<br>Funkrufsystem ERMES<br>Personenrufanlagen |
| 169,80 – 170,30 MHz | Behörden und Organisationen mit Sicherheitsaufgaben (BOS) |
| 170,30 – 170,66 MHz | zur besonderen Verwendung |
| 170,66 – 170,84 MHz | übrige private Betriebsfunkdienste (Sonstige Funkdienste) |

| | |
|---|---|
| 170,84 – 171,02 MHz | zur besonderen Verwendung |
| 171,02 – 171,44 MHz | Eisenbahn |
| 171,44 – 171,46 MHz | zur besonderen Verwendung |
| 171,46 – 171,50 MHz | Eisenbahn |
| 171,50 – 171,52 MHz | zur besonderen Verwendung |
| 171,52 – 171,54 MHz | Eisenbahn |
| 171,54 – 171,56 MHz | zur besonderen Verwendung |
| 171,56 – 171,58 MHz | Eisenbahn |
| 171,58 – 171,70 MHz | zur besonderen Verwendung |
| 171,70 – 171,78 MHz | Eisenbahn |
| 171,78 – 172,14 MHz | zur besonderen Verwendung |
| 172,14 – 174,00 MHz | Behörden und Organisationen mit Sicherheitsaufgaben (BOS) |

# „Hier spricht der Kapitän ..." Sprechfunk im Cockpit

Zwei faszinierende Themen, nämlich die weltweite Luftfahrt und die Funktechnik, finden sich hier zusammen. Die moderne Fliegerei wäre ohne die Flugsicherung, Betriebslenkung, Navigation und Nachrichtenübermittlung per Funk undenkbar.

Obwohl der Flugfunk natürlich nicht abgehört werden darf, ist die Beschäftigung mit diesem Thema hochinteressant. Wenn Sie immer schon einmal wissen wollten, wie der Sprechfunk während eines Fluges abgewickelt wird, welche Funkgeräte an Bord eines Flugzeuges zu finden sind, welche Funkstationen es (nicht nur bei uns, sondern weltweit) gibt, und wie die Navigation und z.B. die wie von Geisterhand geführten Anflugverfahren funktionieren, dann ist das Buch **„Flugfunk"** eine hochinteressante Lektüre für Sie!

Regionaler Flugfunk auf UKW: Einführung, Geräte, Funkbetrieb, Rufzeichen, Praxisbeispiele / Frequenzliste: UKW-Flugfunk (VHF/UHF) / Flughäfen und Kontrollzentren.

Weltweiter Flugfunk auf KW: Einführung, Technik, Funkbetrieb / Frequenzliste: Flugfunk auf KW / Stationsliste / Betriebsfrequenzen der Fluggesellschaften / Wetterfunk (VOLMET) mit ausführlichen Erläuterungen / Fester Flugfunkdienst auf KW / Navigationsfunkdienste. Ergänzt wird das Buch durch umfangreiche Abkürzungs- und ICAO-Code-Verzeichnisse. Ein überaus informatives, leichtverständliches und anschauliches Buch zu einem faszinierenden Funk-Thema!

176 Seiten mit vielen Fotografien und Abbildungen. Preis: DM 26,80 (Bestellung: siehe Leserservice am Ende des Buches).

# 70-cm-Sprechfunk-Band

Frequenzplan für den Funkbereich von 440 bis 470 MHz (70-Zentimeter-Band) mit einem Kanalabstand von 20/12,5/10 kHz und einem Gegensprechabstand von 10 MHz.

| Frequenzbereich | Zuteilung für: |
|---|---|
| 443,00 – 443,15 MHz | Personenrufanlagen |
| 443,60 – 445,00 MHz | Behörden und Organisationen mit Sicherheitsaufgaben (BOS) |
| 448,60 – 450,00 MHz | Behörden und Organisationen mit Sicherheitsaufgaben (BOS) |
| 450,00 – 455,80 MHz | Mobiltelefon (C-Netz) |
| 455,80 – 456,48 MHz | sonstige Funkdienste / Flughäfen / Kleinfunkgeräte / Fernwirken / u.ä. |
| 456,48 – 456,66 MHz | Grundstücks-Sprechanlagen |
| 456,66 – 456,84 MHz | Gemeinschaftsfrequenzen |
| 456,84 – 457,00 MHz | Mietwagen |
| 457,00 – 457,22 MHz | Gemeinschaftsfrequenzen, Mietwagen |
| 457,22 – 457,62 MHz | Taxen |
| 457,62 – 458,32 MHz | Eisenbahn/Zugfunk |
| 458,32 – 458,70 MHz | Industrie- u. Nahverkehrsbetriebe |

| | |
|---|---|
| 458,70 – 459,06 MHz | Gemeinschaftsfrequenzen |
| 459,06 – 459,24 MHz | Soziale Dienste |
| 459,24 – 459,36 MHz | zur besonderen Verwendung |
| 459,36 – 460,00 MHz | Gemeinschaftsfrequenzen |
| 460,00 – 465,80 MHz | Mobiltelefon (C-Netz) |
| 465,80 – 466,48 MHz | sonstige Funkdienste / Flughäfen / Kleinfunkgeräte / Fernwirken / u.ä. |
| 466,48 – 466,66 MHz | Grundstücks-Sprechanlagen |
| 466,66 – 467,22 MHz | Gemeinschaftsfrequenzen |
| 467,22 – 467,40 MHz | Taxen |
| 467,40 – 468,32 MHz | Eisenbahn/Zugfunk |
| 468,32 – 469,18 MHz | Personenruf-Funkanlagen |
| 469,18 – 469,24 MHz | zur besonderen Verwendung |
| 469,24 – 469,44 MHz | Verkehrs- und Straßendienste |
| 469,44 – 469,52 MHz | zur besonderen Verwendung |
| 469,52 – 469,60 MHz | Versuche und Vorführungen |
| 469,60 – 469,62 MHz | Auto-Notrufsysteme |
| 469,62 – 469,98 MHz | Gemeinschaftsfrequenzen |
| 469,98 – 470,00 MHz | Haus-Notrufsysteme |

D1

# Mobiltelefon (B-, C-, D-Netz)

Nicht allzu lange ist es her, da war Deutschland noch eine Art Entwicklungsland im Bereich des öffentlichen Mobilfunks. Die Funktelefongeräte des B-Netzes waren so groß und schwer, daß sie nur in Autos oder anderen Fahrzeugen fest eingebaut werden konnten. Daher der ursprüngliche Name Autotelefon. Auch waren diese Autotelefone ziemlich teuer und damit ein echtes Statussymbol, denn es gab in der Spitze weniger als 30.000 dieser Funktelefone. Obwohl der Autotelefondienst im B/B2-Netz (Frequenzbereich bei 150 MHz) alles andere als komfortabel ist und zudem problemlos abgehört werden kann, gibt es zur Zeit noch rund 10.000 Nutzer. Ob das B/B2-Netz tatsächlich Ende 1994 abgeschaltet wird, muß sich zeigen. Den alten Funktelefonkunden sollte aber der Umstieg auf das C- oder D-Netz leicht fallen.

Auch das Ende der 80er-Jahre in Betrieb genommene C-Netz (Frequenzbereich bei etwa 460 MHz) bedient sich noch analoger Übertragungsverfahren. Die Funktelefone des C-Netzes bieten aber schon eine ganze Reihe von Pluspunkten:

Die Geräte wurden viel kompakter, sie wurden nicht mehr als reine Autotelefone verkauft, sondern als Mobiltelefone. Erstmals gibt es hier im C-Netz kleine Funktelefone, die nicht viel größer als ein Handfunksprechgerät sind. Die Qualität der Übertragung und der Bedienungskomfort wurden verbessert.

Beim B/B2-Netz mußte man noch wissen, wo sich der Funktelefonteilnehmer ungefähr aufhält. Das C-Netz findet jeden Anschluß unter der einheitlichen Vorwahlnummer im ganzen Netzbereich, die Wahl läuft automatisch ab.

Die Anschaffungskosten sanken auf wenige Tausend Mark. Damit gehörte die Anschaffung eines Funktelefons für breite Anwendergruppen hauptsächlich aus dem geschäftlichen Bereich schon zur Standardausstattung.

*Mobiltelefon P1 von Siemens (Foto: Siemens)*

Anfang der 90er-Jahre platzte das überlastete C-Netz aus allen Fugen. Das Kanalraster mußte verkleinert werden, um mehr Sprechkanäle zu bieten. Mittlerweile steht den über 800.000 C-Netz-Funktelefonkunden ein fast flächendeckendes Funknetz zur Verfügung.

Mitte 1992 ging dann endlich das neue digitale D-Netz in Betrieb. Der Frequenzbereich liegt bei etwa 900 MHz. Erstmalig muß die staatliche Telekom (D1) mit einem privaten Anbieter (D2) konkurrieren. Der Aufbau der D-Netze war schwieriger als erwartet und ist noch lange nicht zufriedenstellend abgeschlossen.

Nachdem die ersten D-Netz-Mobiltelefone kaum billiger waren als C-Netz-Geräte, laufen seit 1993 die Produktionsstätten der verschiedenen Hersteller auf Hochtouren. Der Markt wird überschwemmt mit D-Mobiltelefonen, die mittlerweile zu unglaublich niedrigen Preisen im Laden um die Ecke zu haben sind (Handgeräte für rund 400 Mark). Damit ist das Funktelefon für jederman erschwinglich geworden (übersehen wird dabei leicht, daß sich die laufenden Gebühren schnell addieren ...). Die Zahl der D-Netz-Anschlüsse liegt 1994 schon deutlich über eine Million.

Das D-Netz bietet dem Nutzer zahlreiche Komfortfunktionen. Außerdem haben sich die europäischen Länder erstmals auf einen gemeinsamen Standard geeinigt (GSM) mit dem Resultat, daß man eines Tages ein D-Netz-Funktelefon europaweit erreichen kann – immer unter der gleichen Nummer.

Nachdem das Abhören des B/B2-Netzes leicht möglich ist und an der Abhörsicherheit des noch analogen C-Netzes erhebliche Zweifel aufkamen, ist die Abhörsicherheit des D-Netzes aufgrund der Technik praktisch garantiert.

Kaum ist das D-Mobilfunknetz so richtig in Schwung gekommen, gehen schon die Vorbereitungen für die nächsten Mobilfunknetze los. Geplant ist ein Digitaler Nahbereichsfunk (Birdie) im Bereich von 864–868 MHz und der sogenannte PCN-Funk (Personal Communication Network) bei etwa 1,8 Gigahertz.

## Frequenzbereiche für den Mobilfunk

B-Netz: 148,40 – 149,14 MHz / 153,00 – 153,74 MHz
B2-Netz: 157,60 – 158,34 MHz / 162,20 – 162,94 MHz

(Kanalabstand: 20 kHz, Modulationsart: FM-schmal)

C-Netz: 450,00 – 455,74 MHz / 460,00 – 465,74 MHz

(Kanalabstand: 20/12,5/10 kHz, Modulationsart: Phasenmodulation mit Invertierung)

D1/D2-Netz: 890 – 915 MHz / 935 – 960 MHz

(Kanalabstand: 200 kHz, Digitale Übertragung nach GSM-Standard GMSK)

*Mobiltelefon C3 portable von Siemens. (Foto: Siemens)*

## Kanal- und Frequenztabelle für den öbL-Autotelefondienst (B/B2)

| Kanal-Nr. | Sendefrequenz (MHz) | Empfangsfrequenz (MHz) |
|---|---|---|
| 01 | 148,410 | 153,010 |
| 02 | 148,430 | 153,030 |
| 03 | 148,450 | 153,050 |
| 04 | 148,470 | 153,070 |
| 05 | 148,490 | 153,090 |
| 06 | 148,510 | 153,110 |
| 07 | 148,530 | 153,130 |
| 08 | 148,550 | 153,150 |
| 09 | 148,570 | 153,170 |
| 10 | 148,590 | 153,190 |
| 11 | 148,610 | 153,210 |
| 12 | 148,630 | 153,230 |
| 13 | 148,650 | 153,250 |
| 14 | 148,670 | 153,270 |
| 15 | 148,690 | 153,290 |
| 16 | 148,710 | 153,310 |
| 17 | 148,730 | 153,330 |
| 18 | 148,750 | 153,350 |
| 19 | Anrufkanal: | 153,370 |
| 20 | 148,790 | 153,390 |
| 21 | 148,810 | 153,410 |
| 22 | 148,830 | 153,430 |
| 23 | 148,850 | 153,450 |
| 24 | 148,870 | 153,470 |
| 25 | 148,890 | 153,490 |
| 26 | 148,910 | 153,510 |
| 27 | 148,930 | 153,530 |
| 28 | 148,950 | 153,550 |
| 29 | 148,970 | 153,570 |
| 30 | 148,990 | 153,590 |

| Kanal-Nr. | Sendefrequenz (MHz) | Empfangsfrequenz (MHz) |
|---|---|---|
| 31 | 149,010 | 153,610 |
| 32 | 149,030 | 153,630 |
| 33 | 149,050 | 153,650 |
| 34 | 149,070 | 153,670 |
| 35 | 149,090 | 153,690 |
| 36 | 149,110 | 153,710 |
| 37 | 149,130 | 153,730 |
| 40 | 157,610 | 162,210 |
| 41 | 157,630 | 162,230 |
| 42 | 157,650 | 162,250 |
| 43 | 157,670 | 162,270 |
| 44 | 157,690 | 162,290 |
| 45 | 157,710 | 162,310 |
| 46 | 157,730 | 162,330 |
| 47 | 157,750 | 162,350 |
| 48 | 157,770 | 162,370 |
| 49 | 157,790 | 162,390 |
| 50 | 157,810 | 162,410 |
| 51 | 157,830 | 162,430 |
| 52 | 157,850 | 162,450 |
| 53 | 157,870 | 162,470 |
| 54 | 157,890 | 162,490 |
| 55 | 157,910 | 162,510 |
| 56 | 157,930 | 162,530 |
| 57 | 157,950 | 162,550 |
| 58 | 157,970 | 162,570 |
| 59 | 157,990 | 162,590 |
| 60 | 158,010 | 162,610 |
| 61 | 158,030 | 162,630 |
| 62 | 158,050 | 162,650 |
| 63 | 158,070 | 162,670 |
| 64 | 158,090 | 162,690 |
| 65 | 158,110 | 162,710 |
| 66 | 158,130 | 162,730 |

| Kanal-Nr. | Sendefrequenz (MHz) | Empfangsfrequenz (MHz) |
|---|---|---|
| 67 | 158,150 | 162,750 |
| 68 | 158,170 | 162,770 |
| 69 | 158,190 | 162,790 |
| 70 | 158,210 | 162,810 |
| 71 | 158,230 | 162,830 |
| 72 | 158,250 | 162,850 |
| 73 | 158,270 | 162,870 |
| 74 | 158,290 | 162,890 |
| 75 | 158,310 | 162,910 |
| 76 | 158,330 | 162,930 |

*Mobiltelefon CarTel C7 von Bosch. (Foto: Bosch)*

# Schnurlose Telefone

Im Gegensatz zu den Mobiltelefonen, mit denen man ja überall telefonieren kann, sind die schnurlosen Telefone nur in unmittelbarer Nähe des eigentlichen Hauptanschlusses zu benutzen. Die lästige Schnur des normalen Telefonapparates wird durch eine Funkverbindung ersetzt. Die sogenannte Basisstation wird an die normale Telefonsteckdose angeschlossen. Darauf steckt abnehmbar das Handgerät, mit dem Sie dann in der Wohnung, im Haus und im Garten herumlaufen und telefonieren können. Die Reichweite ist auf etwa 300 m begrenzt. Für die schnurlosen Telefone wurde zunächst folgender Frequenzbereich zugeteilt:

Sendefrequenzen des Basisstation: 959,0125 – 959,9875 MHz
Sendefrequenzen der Handgeräte: 914,0125 – 914,9875 MHz
Darin enthalten sind 40 Duplex-Kanäle im 25-kHz-Raster.

Im Jahr 1987 wurde ein neuer Frequenzbereich zugeteilt, um Platz zu schaffen für das neue D-Netz und um mehr Kanäle für die schnurlosen Telefone zur Verfügung zu haben:

Sendefrequenzen des Basisstation: 930,0125 – 931,9875 MHz
Sendefrequenzen der Handgeräte: 885,0125 – 886,9875 MHz
Darin enthalten sind 80 Duplex-Kanäle im 25-kHz-Raster.

Geheimnisse oder Peinlichkeiten sollte man bei Benutzung eines drahtlosen Telefons nicht erzählen, denn diese Funkgeräte können relativ leicht abgehört werden.

## Drahtlose Telefone nach US-Standard

In der Anfangszeit der drahtlosen Telefone wurden in Deutschland häufig drahtlose Telefone nach US-Standard angeboten und illegal in Betrieb genommen. Diese schnurlosen Telefone arbei(te)ten auf folgenden Frequenzen:

| | | |
|---|---|---|
| 46,610/49,670 | 46,730/49,875 | 46,870/49,930 |
| 46,630/49,845 | 46,770/49,830 | 46,930/49,990 |
| 46,670/49,860 | 46,830/49,890 | 46,970/49,970 |
| 46,710/49,770 | | |

# Betriebsfunk

Alle, die Funkanlagen brauchen, um in der Privatwirtschaft betriebliche Aufgaben zu erfüllen, oder Organisationen und Institutionen, die öffentliche Aufgaben wahrnehmen und dazu auf Funkmöglichkeiten angewiesen sind, können im Rahmen des sogenannten Betriebsfunks Funknetze mit ortsfesten und mobilen Funkstellen beantragen und in Betrieb nehmen.

Zu den Nutzern (den sogenannten Bedarfsträgern) des Betriebsfunks zählen beispielsweise Industrieunternehmen, Nahverkehrsbetriebe, Taxi- und Mietwagenunternehmen, alle möglichen Transportunternehmen, Bauunternehmen, Energieversorgungsunternehmen, Verkehrs- und Straßendienste, Bundesbahn, Heilberufe, Forstbetriebe, Rundfunkanstalten u.v.a.

Für den Betriebsfunk sind Teilbereiche im 8-m-, 4-m-, 2-m- und 70-cm-Sprechfunkband vorgesehen. Einen Überblick über die Frequenzzuteilung in diesen Sprechfunkbändern finden Sie in den vorangegangenen Tabellen. In den nachfolgenden Kapiteln werden die einzelnen Anwendergruppen und Bedarfsträger näher erläutert. Außerdem finden Sie dort detaillierte Angaben über die zur Verfügung stehenden Frequenzen.

Für die Zulassung zum Betriebsfunkdienst, für die Prüfung und Abnahme der Geräte und für die Zuteilung der Funkkanäle ist das Bundesamt für Post und Telekommunikation (BAPT) zuständig. Interessenten können dort die „Vorschriften für das Erteilen von Genehmigungen zum Errichten und Betreiben von Funkanlagen nicht öffentlicher Funkanwendungen (VornöFa)" anfordern.

Verschiedene Hersteller bieten geeignete Funkgeräte in großer Auswahl an. Das Spektrum reicht vom einfachen Hand-Sprechfunkgerät (z.B. für den Einsatz auf Baustellen) über komfortable Mobilfunkgeräte (z.B. für den Fuhrpark eines Industrieunternehmens) bis hin zu komplexen Funknetzen mit einer Vielzahl (innerbetrieblicher) Teilnehmer und vielfältigen technischen Möglichkeiten.

So setzen z.B. die Nahverkehrsunternehmen kombinierte Sprech- und Datenfunksysteme ein. Jedes Fahrzeug ist mit dem Rechner in der Einsatzzentrale verbunden. Per EDV hat man jederzeit einen Überblick über Standort, Betriebszustände, Störungen u.ä. und kann außerdem mit allen Fahrzeugen Sprechkontakt aufnehmen.

Im Betriebsfunk wird normalerweise in der Betriebsart Simplex (Wechselsprechen auf einer Frequenz) gesendet, nur ausnahmsweise in Duplex auf zwei Frequenzen. Modulationsart ist immer FM-schmal. Ein Schutz vor unerwünschtem Mithören gibt es hier nicht.

Wegen der großen Nachfrage und der begrenzten Zahl der zur Verfügung stehenden Kanäle werden viele Frequenzen von mehreren Anwendern benutzt. Zwei gravierende Nachteile zeigen sich dabei: Zum einen gibt es gegenseitige Störungen, zum anderen können alle Beteiligten die Gespräche der anderen Teilnehmer mithören, was in vielen Fällen unerwünscht ist. Abhilfe schafft jetzt in diesem Bereich der neue Mobilfunkdienst Bündelfunk (im Telekom-Neudeutsch „Chekker" genannt), den wir weiter hinten in diesem Buch vorstellen.

*Das HFG ist das richtige Handsprechfunkgerät auch für große Funknetze, z.B. in Hafengebieten. (Foto: Bosch)*

## Betriebsfunk auf Gemeinschaftsfrequenzen

Hier werden drei Gruppen von Bedarfsträgern unterschieden:

A) Behörden, Anstalten des öffentlichen Rechts, eingetragene Sportvereine, Sportverbände, Handels-, Handwerks- und Gewerbebetriebe, Kurierdienste sowie körperlich Behinderte.

Frequenzen (in MHz):

| | | |
|---|---|---|
| 457,03 | 459,81 | 469,81 |
| 457,05 | 459,83 | 469,83 |
| 457,07 | 459,85 | 469,85 |
| 457,09 | 459,87 | 469,87 |
| 457,11 | 459,89 | 469,89 |
| 457,13 | 459,91 | 469,91 |
| 457,17 | 459,93 | 469,93 |
| 457,19 | 459,95 | 469,95 |
| 457,21 | 459,97 | 469,97 |

B) Private Straßenreinigungsunternehmen, Abschlepp- und Instandsetzungsunternehmen, Speditions- und Gütertransportunternehmen, Heil- und Tierheilpraktiker, Bewachungsunternehmen und Detekteien, Schlüsseldienste, Erdöl- und Erdgas-Bohrunternehmen, Zeitungsverlage, öffentlich bestellte Kraftfahrzeug- und Schiffahrtssachverständige, Havariekommissare, Bestattungsinstitute, Vermessungs- und Katasterämter und private Unternehmen mit gleichen Aufgaben, Lottogesellschaften, Veranstalter von Motorsportveranstaltungen.

Frequenzen (in MHz):

| | | | |
|---|---|---|---|
| 146,01 | 147,63 | 458,97 | 467,07 |
| 146,03 | 147,65 | 458,99 | 467,09 |
| 146,05 | 147,67 | 459,01 | 467,11 |
| 146,07 | 147,69 | 459,03 | 467,13 |
| 146,09 | 147,71 | 459,05 | 467,15 |
| 146,11 | 147,73 | 459,37 | 467,17 |
| 146,13 | 147,75 | 459,63 | 467,19 |
| 146,15 | 147,77 | 459,65 | 467,21 |
| 146,17 | 147,79 | 459,67 | 469,37 |
| 146,19 | 147,81 | 459,69 | 469,63 |
| 146,21 | 147,83 | 459,71 | 469,65 |
| 146,23 | 148,33 | 459,73 | 469,67 |
| 146,25 | 163,31 | 459,75 | 469,69 |
| 146,27 | 163,33 | 459,77 | 469,71 |
| 146,29 | 163,35 | 459,79 | 469,73 |
| 146,31 | 163,37 | 466,67 | 469,75 |
| 146,33 | 163,39 | 466,69 | 469,77 |
| 146,35 | 163,41 | 466,71 | 469,79 |
| 147,29 | 163,43 | 466,73 | |
| 147,31 | 163,45 | 466,75 | |
| 147,33 | 163,47 | 466,77 | |
| 147,35 | | 466,79 | |
| 147,37 | 458,71 | 466,81 | |
| 147,39 | 458,73 | 466,83 | |
| 147,41 | 458,75 | 466,85 | |
| 147,43 | 458,77 | 466,87 | |
| 147,45 | 458,79 | 466,89 | |
| 147,47 | 458,81 | 466,91 | |
| 147,49 | 458,83 | 466,93 | |
| 147,51 | 458,85 | 466,95 | |
| 147,53 | 458,87 | 466,97 | |
| 147,55 | 458,89 | 466,99 | |
| 147,57 | 458,91 | 467,01 | |
| 147,59 | 458,93 | 467,03 | |
| 147,61 | 458,95 | 467,05 | |

C) Bauunternehmen und Zulieferer, die überwiegend im Baugewerbe tätig sind, Transportbeton-Unternehmen, Architekten.

| | | | |
|---|---|---|---|
| 158,35 | 158,59 | 158,83 | 456,67 |
| 158,37 | 158,61 | 158,85 | 456,69 |
| 158,39 | 158,63 | 158,87 | 456,71 |
| 158,41 | 158,65 | 158,89 | 456,73 |
| 158,43 | 158,67 | 158,91 | 456,75 |
| 158,45 | 158,69 | 158,93 | 456,77 |
| 158,47 | 158,71 | 158,95 | 456,79 |
| 158,49 | 158,73 | 158,97 | 456,81 |
| 158,51 | 158,75 | 158,99 | 456,83 |
| 158,53 | 158,77 | 159,03 | |
| 158,55 | 158,79 | 159,05 | |
| 158,57 | 158,81 | 159,07 | |

## Betriebsfunk der Kraftdroschken (Taxis) und Mietwagen

Für Inhaber einer Konzession nach den Bestimmungen des Personenbeförderungsgesetzes und für Interessengemeinschaften, z.B. Taxi- oder Mietwagenzentralen, sowie für andere Betreiber von Pkw zur Personenbeförderung (Schulträger, Betreuer von Behinderten). Frequenzen (in MHz) für Taxis:

| | | | |
|---|---|---|---|
| 148,03 | 148,17 | 150,35 | 150,49 |
| 148,05 | 148,19 | 150,37 | 150,51 |
| 148,07 | 150,25 | 150,39 | 150,53 |
| 148,09 | 150,27 | 150,41 | 150,57 |
| 148,11 | 150,29 | 150,43 | 150,59 |
| 148,13 | 150,31 | 150,45 | 150,61 |
| 148,15 | 150,33 | 150,47 | 150,63 |

|  |  |  |  |
|---|---|---|---|
| 150,65 | 163,51 | 457,25 | 467,25 |
| 150,67 | 163,53 | 457,27 | 467,27 |
| 150,69 | 163,55 | 457,29 | 467,29 |
| 150,71 | 163,57 | 457,31 | 467,31 |
| 150,73 | 163,59 | 457,33 | 467,33 |
| 150,75 | 163,63 | 457,35 | 467,35 |
| 150,77 | 163,65 | 457,37 | 467,37 |
| 150,79 | 163,67 | 457,39 | 467,39 |
| 163,49 | 457,23 | 467,23 |  |

Frequenzen (in MHz) für Mietwagen

|  |  |  |  |
|---|---|---|---|
| 147,85 | 154,95 | 155,25 | 456,97 |
| 147,87 | 154,97 | 155,27 | 456,99 |
| 147,89 | 154,99 | 155,29 | 457,01 |
| 147,91 | 155,01 | 155,31 | 457,03 |
| 147,93 | 155,03 | 155,33 | 457,05 |
| 147,95 | 155,05 | 155,35 | 457,07 |
| 147,97 | 155,07 | 155,37 | 457,09 |
| 147,99 | 155,09 | 155,39 | 457,11 |
| 148,01 | 155,11 | 456,85 | 457,13 |
| 154,85 | 155,13 | 456,87 | 457,17 |
| 154,87 | 155,17 | 456,89 | 457,19 |
| 154,89 | 155,19 | 456,91 | 457,21 |
| 154,91 | 155,21 | 456,93 |  |
| 154,93 | 155,23 | 456,95 |  |

## Betriebsfunk mit Klein-Sprechfunkanlagen

Für den Betriebsfunk mit Klein-Sprechfunkanlagen werden als Bedarfsträger anerkannt: Industrie- und Nahverkehrsbetriebe, Energieversorgungsunternehmen und die Bedarfsträger, die auch für den bereits genannten Betriebsfunk auf Gemeinschaftsfrequenzen zugelassen sind (siehe dort).

Frequenzen (in MHz) für Industrie- und Nahverkehrsbetriebe und Energieversorgungsunternehmen:

| | | | |
|---|---|---|---|
| 150,99 | 169,55 | 169,65 | 466,35 |
| 151,01 | 169,57 | 465,81 | 466,37 |
| 151,03 | 169,59 | 465,89 | 466,43 |
| 151,05 | 169,61 | 465,95 | |
| 169,49 | 169,63 | 466,19 | |

Frequenzen (in MHz) für die anderen Bedarfsträger

| | | | |
|---|---|---|---|
| 151,11 | 169,69 | 466,03 | 466,47 |
| 151,13 | 169,71 | 466,15 | |
| 151,15 | 465,93 | 466,31 | |
| 169,67 | 465,99 | 466,39 | |

*Besonders für den Einsatz im „rauhen" Betrieb wurden die neuen Handsprechfunkgeräte (HFGs) der Robert Bosch GmbH entwickelt. Einsetzbar im 4-m, 2-m und 70-cm-Band mit 32 bzw. 64 Kanälen bei einer Sendeleistung von 1 oder 2,5 Watt. (Foto: Bosch)*

## Betriebsfunk der Industrie- und Nahverkehrsbetriebe

Die Bedarfsträger aus diesem Bereich haben sich in der Arbeitsgemeinschaft Betriebsfunk für Industrie- und Nahverkehr (ABIN) zusammengeschlossen. Dazu gehören der Verband öffentlicher Nahverkehrsbetriebe (VÖV), die Arbeitsgemeinschaft industrieller Betriebsfunk (AIB) und der Bundesverband Deutscher Eisenbahnen (BDE).

Für die ABIN-Bedarfsträger stehen folgende Frequenzen (in MHz) zur Verfügung:

| | | | |
|---|---|---|---|
| 69,57 | 71,11 | 148,37 | 152,91 |
| 69,59 | 71,13 | 148,39 | 152,93 |
| 69,61 | 71,15 | 149,15 | 152,95 |
| 69,63 | 71,17 | 149,17 | 152,97 |
| 69,65 | 71,19 | 149,19 | 152,99 |
| 69,67 | 81,51 | 149,21 | 153,75 |
| 69,69 | 81,53 | 149,23 | 153,77 |
| 69,71 | 81,55 | 149,25 | 153,79 |
| 69,73 | 81,57 | 149,27 | 153,81 |
| 69,75 | 81,59 | 149,29 | 153,83 |
| 69,77 | 81,61 | 149,31 | 153,85 |
| 69,79 | 81,63 | 152,65 | 153,87 |
| 69,81 | 81,65 | 152,67 | 153,89 |
| 69,83 | 81,67 | 152,69 | 153,91 |
| 69,85 | 81,69 | 152,71 | 458,33 |
| 69,87 | | 152,73 | 458,35 |
| 69,89 | 148,21 | 152,75 | 458,37 |
| 69,91 | 148,23 | 152,79 | 458,39 |
| 71,01 | 148,25 | 152,81 | 458,41 |
| 71,03 | 148,27 | 152,83 | 458,43 |
| 71,05 | 148,29 | 152,85 | 458,45 |
| 71,07 | 148,31 | 152,87 | 458,47 |
| 71,09 | 148,35 | 152,89 | 458,49 |

| | | |
|---|---|---|
| 458,51 | 458,57 | 458,65 |
| 458,53 | 458,59 | 458,67 |
| 458,55 | 458,61 | 458,69 |

Um in Ballungsgebieten (z.Zt. sind das die Großräume Ruhrgebiet, Hannover, Hamburg, München) zusätzliche Funkkapazitäten zu schaffen, wurden weitere Frequenzen nur für die Benutzung in diesen Gebieten freigegeben:

| | | |
|---|---|---|
| 71,21/81,01 | 71,39/81,19 | 71,57/81,37 |
| 71,23/81,03 | 71,41/81,21 | 71,59/81,39 |
| 71,25/81,05 | 71,43/81,23 | 71,61/81,41 |
| 71,27/81,07 | 71,45/81,25 | 71,63/81,43 |
| 71,29/81,09 | 71,47/81,27 | 71,65/81,45 |
| 71,31/81,11 | 71,49/81,29 | 71,67/81,47 |
| 71,33/81,13 | 71,51/81,31 | 71,69/81,49 |
| 71,35/81,15 | 71,53/81,33 | |
| 71,37/81,17 | 71,55/81,35 | |

## Betriebsfunk der Energie-Versorgungsunternehmen

Zu den Bedarfsträgern der Energie-Versorgungsunternehmen (EVU) werden Elektrizitäts-, Wasser-, Gas- und Fernwärme-Versorgungsunternehmen gezählt. Sie werden durch die Vereinigung Deutscher Elektrizitätswerke (VDEW) vertreten.

Folgende Frequenzen (in MHz) stehen zur Verfügung:

| | | |
|---|---|---|
| 68,09/77,89 | 146,93 | 149,69/154,29 |
| 68,11/77,91 | 146,95 | 149,71/154,31 |
| 68,13/77,93 | 146,97 | 149,73/154,33 |
| 68,15/77,95 | 146,99 | 149,75/154,35 |
| 68,17/77,97 | 147,01 | 149,77/154,37 |
| 68,19/77,99 | 147,03 | 149,79/154,39 |
| 68,21/78,01 | 147,05 | 149,83/154,43 |
| 68,23/78,03 | 147,07 | 149,85/154,45 |
| 68,25/78,05 | 147,09 | 149,87/154,47 |
| 68,27/78,07 | 147,11 | 154,49 |
| 68,29/78,09 | 147,13 | 154,51 |
| 68,31/78,11 | 147,15 | 154,53 |
| 68,33/78,13 | 147,17 | 154,55 |
| 68,35/78,15 | 147,19 | 154,57 |
| 68,37/78,17 | 147,21 | 154,59 |
| 68,39/78,19 | 147,23 | 154,61 |
| 68,41/78,21 | 147,25 | 154,63 |
| 68,43/78,23 | 147,27 | 154,65 |
| 68,45/78,25 | 149,51/154,11 | 154,67 |
| 68,47/78,27 | 149,53/154,13 | 154,69 |
| 68,49/78,29 | 149,55/154,15 | 154,71 |
| 68,51/78,31 | 149,57/154,17 | 154,73 |
| 68,53/78,33 | 149,59/154,19 | 154,75 |
| 68,55/78,35 | 149,61/154,21 | 154,77 |
| 68,57/78,37 | 149,63/154,23 | 154,79 |
| 68,59/78,39 | 149,65/154,25 | 154,81 |
| 68,61/78,41 | 149,67/154,27 | 154,83 |

| | | |
|---|---|---|
| 159,09/163,69 | 159,21/163,81 | 159,33/163,93 |
| 159,11/163,71 | 159,23/163,83 | 159,35/163,95 |
| 159,13/163,73 | 159,25/163,85 | 159,37/163,97 |
| 159,15/163,75 | 159,27/163,87 | 159,39/163,99 |
| 159,17/163,77 | 159,29/163,89 | 159,41/164,01 |
| 159,19/163,79 | 159,31/163,91 | 159,43/164,03 |

Um in Ballungsgebieten (z.Zt. sind das die Großräume Ruhrgebiet, Hannover, Hamburg, München) zusätzliche Funkkapazitäten zu schaffen, wurden weitere Frequenzen nur für die Benutzung in diesen Gebieten freigegeben:

| | | |
|---|---|---|
| 72,35 | 72,57/82,37 | 82,59 |
| 72,37 | 72,59/82,39 | 82,61 |
| 72,39 | 72,61/82,41 | 82,63 |
| 72,41 | 72,63/82,43 | 82,65 |
| 72,43 | 72,65/82,45 | 82,67 |
| 72,45 | 72,67/82,47 | 82,69 |
| 72,47 | 72,69/82,49 | 82,71 |
| 72,49 | 72,71/82,51 | 82,73 |
| 72,51 | 72,73/82,53 | 82,75 |
| 72,53 | 72,75/82,55 | |
| 72,55/82,35 | 82,57 | |

## Betriebsfunk der Straßenunterhaltungs-, Kommunal-, Wasserregulierungs- und Pannenhilfs-Dienste

Zu dieser Gruppe zählen als Bedarfsträger Straßenbau- und Wasserwirtschaftsverwaltungen des Bundes und der Länder, Pannenhilfsdienste der Automobilclubs (z.B. ADAC), Stadtreinigungs- und Fuhrparkbetriebe, Kommunaldienste (z.B. Ordungs- und Gewerbeaufsichtsämter), Arbeitsämter. Die Anwender sind in der Arbeitsgemeinschaft Betriebsfunk der Straßenunterhaltungs- und Pannenhilfsdienste (ABS) bzw. in der Arbeitsgemeinschaft Betriebsfunk der Städte und Gemeinden (ABSG) vertreten.

Frequenzen (in MHz) für Autobahnmeistereien und Pannenhilfsdienste:

| | | |
|---|---|---|
| 34,76 | 34,90 | 151,43 |
| 34,78 | 34,92 | 151,45 |
| 34,80 | 34,94 | 151,47 |
| 34,82 | | 151,49 |
| 34,84 | 151,37 | 151,51 |
| 34,86 | 151,39 | 151,53 |
| 34,88 | 151,41 | |

Frequenzen (in MHz) für die ABSG-Dienste:

| | | |
|---|---|---|
| 151,91 | 152,47 | 469,25 |
| 151,93 | 152,49 | 469,27 |
| 151,95 | 152,51 | 469,29 |
| 151,97 | 152,53 | 469,31 |
| 151,99 | 152,55 | 469,33 |
| 152,01 | 152,57 | 469,35 |
| 152,05 | 152,59 | 469,39 |
| 152,07 | 152,61 | 469,41 |
| 152,09 | 152,63 | 469,43 |

## Betriebsfunk der Justizvollzugsanstalten und Behörden der allgemeinen Justiz

Für Justizbehörden und Justizvollzugsanstalten wurden im Rahmen des Betriebsfunks folgende Frequenzen zugeteilt:

155,77 155,83 155,87

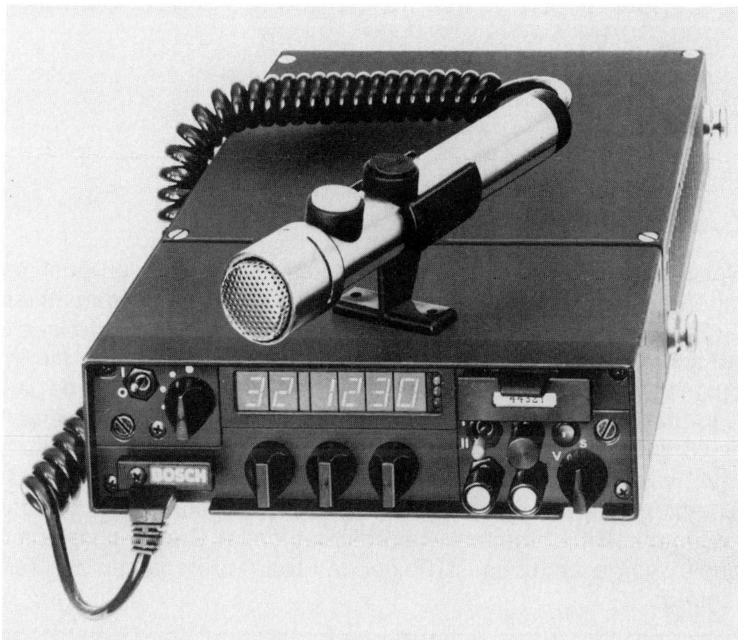


*Sprechfunkgerät KF-Universal der Robert Bosch GmbH für den Betriebsfunk vorzugsweise im Einsatz in der Industrie, in Energieversorgungsunternehmen und in Verkehrsbetrieben. Je nach Ausführung für das 4-m, 2-m oder 70-cm-Sprechfunk-Band mit Sendeleistungen von 1 bis 25 Watt und maximal 32 Kanälen. (Foto: Bosch)*

## Betriebsfunk der Rundfunkanstalten

Für den Betriebsfunk der Rundfunkanstalten stehen folgende Frequenzen (in MHz) zur Verfügung:

| | | | |
|---|---|---|---|
| 77,500 | 77,540 | 77,580 | 77,620 |
| 77,520 | 77,560 | 77,600 | |

| | | |
|---|---|---|
| 160,010/164,610 | 160,090/164,690 | 160,150/164,750 |
| 160,030/164,630 | 160,110/164,710 | 160,170/164,770 |
| 160,050/164,650 | 160,130/164,730 | 160,190/164,790 |
| 160,070/164,670 | | |

Drahtlose Mikrofone der Rundfunkanstalten:

| | |
|---|---|
| 174,250 MHz | 748,250 MHz |

## Grundstücks-Sprechfunk

Speziell für Sprechfunknetze mit ortsfesten und mobilen Funkanlagen auf einem bestimmten Grundstück gibt es den sogenannten Grundstücks-Sprechfunk. Ein Grundstück in diesem Sinne ist ein wirtschaftlich zusammenhängend genutztes Gelände, z.B. ein Industriegelände, ein Werksgelände, ein Krankenhausgelände, ein Sportanlagengelände u.ä.. Als Bedarfsträger anerkannt werden Behörden, Anstalten des öffentlichen Rechts, private Unternehmen, wissenschaftliche Institute und Sportvereine. Grundstücks-Sprechfunknetze können in herkömmlicher Einkanaltechnik oder in Bündeltechnik arbeiten, wobei als Betriebsart Duplex oder Semiduplex vorgeschrieben ist. Folgende Frequenzen stehen zur Verfügung:

| | |
|---|---|
| 466,49 / 456,49 MHz | 466,59 / 456,59 MHz |
| 466,51 / 456,51 MHz | 466,61 / 456,61 MHz |
| 466,53 / 456,53 MHz | 466,63 / 456,63 MHz |
| 466,55 / 456,55 MHz | 466,65 / 456,65 MHz |
| 466,57 / 456,57 MHz | |

## Betriebsfunk an Flughäfen

Den Betriebsfunk an Flughäfen können folgende Bedarfsträger nutzen: Bundesanstalt für Flugsicherung (BFS), Flughafengesellschaften, Luftverkehrsgesellschaften, Deutscher Wetterdienst, Versorgungsfirmen. Die Anwender sind in der Arbeitsgemeinschaft Betriebsfunk an deutschen Verkehrsflughäfen organisiert.

Folgende Frequenzen (in MHz) stehen zur Verfügung:

| | | |
|---|---|---|
| 151,17 | 159,83/164,43 | 455,81 |
| 151,19 | 159,85/164,45 | 455,85 |
| 151,21 | 159,87/164,47 | 455,89 |
| 151,23 | 159,89/164,49 | 455,93 |
| 151,25 | 159,91/164,51 | 455,99 |
| 151,27 | 159,93/164,53 | 456,03 |
| 151,29 | 159,95/164,55 | 456,15 |
| 151,31 | 159,97/164,57 | 456,19 |
| 151,33 | 159,99/164,59 | 456,31 |
| 151,35 | | 456,37 |
| | | 456,41 |
| | | 456,47 |

## Betriebsfunk der Deutschen Lebens-Rettungs-Gesellschaft e.V. (DLRG)

Zur Erfüllung ihrer Aufgaben wurden der Deutschen Lebens-Rettungs-Gesellschaft e.V. folgende Frequenzen im Bereich des Betriebsfunks zugewiesen:

155,89 MHz 155,91 MHz 155,93 MHz

## Betriebsfunk der Heilberufe

Zu dieser Gruppe zählen Ärzte, Tierärzte, Hebammen, Notärzte, Krankenhäuser und ähnliche Einrichtungen. Sie werden vertreten durch die Arbeitsgemeinschaft Betriebsfunk für Heilberufe (ABH). Folgende Frequenzen (in MHz) stehen diesen Bedarfsträgern zur Verfügung:

| | | |
|---|---|---|
| 151,55 | 151,67 | 152,35 |
| 151,57 | 151,69 | 152,37 |
| 151,59 | 151,71 | 152,39 |
| 151,61 | 152,29 | 152,41 |
| 151,63 | 152,31 | 152,43 |
| 151,65 | 152,33 | 152,45 |

## Betriebsfunk der sozialen Dienste

Als Bedarfsträger werden anerkannt: Verbände und Organisationen der Freien Wohlfahrtspflege, Hilfsorganisationen (Arbeiter-Samariter-Bund, Deutsches Rotes Kreuz, Johanniter-Unfall-Hilfe, Malteser-Hilfsdienst), kommunale Sozialdienste. Die Bedarfsträger werden durch die Arbeitsgemeinschaft Betriebsfunk für soziale Dienste (ABSoD) vertreten.

Folgende Frequenzen (in MHz) wurden zugeteilt:

| | | |
|---|---|---|
| 459,07 | 459,13 | 459,19 |
| 459,09 | 459,15 | 459,21 |
| 459,11 | 459,17 | 459,23 |

## Betriebsfunk der Geldinstitute und Werttransporte

Für Geldinstitute und Unternehmen, die Geld und Wertsachen in besonders hergerichteten Fahrzeugen befördern (Werttransporte), stehen folgende Frequenzen im Bereich des Betriebsfunks zur Verfügung:

155,79 155,81 155,85 155,95

## Betriebsfunk der Forstwirtschaft

Für die Bedarfsträger aus dem Bereich der Forstwirtschaft wurde die sogenannte Funkwelle Forst zur Verfügung gestellt. Zu den Nutzern gehören die staatlichen Forstämter, staatliche, kommunale und private Forstverwaltungen und Forstbetriebe sowie forstwirtschaftliche Unternehmen.

Frequenz: 69,95 MHz

## Betriebsfunk für Umweltschutz

Die für den Umweltschutz zuständigen Behörden und Organisationen des Bundes, der Länder und Gemeinden sind hier als Bedarfsträger zugelassen.

Frequenz: 69,97 MHz

## Betriebsfunk der landwirtschaftlichen Maschinenringe und Lohnunternehmen

Eingetragene Vereine landwirtschaftlicher Maschinenringe oder Maschinen- und Betriebshilfsringe, sowie Unternehmen, die Dienstleistungen in der Landwirtschaft erbringen, werden als Bedarfsträger für diesen Betriebsfunkbereich zugelassen.

Frequenzen: 160,37 MHz / 160,47 MHz

# Bündelfunk (Chekker)

Der zuvor geschilderte Betriebsfunkdienst genügt heutzutage nicht mehr den enorm ansteigenden Bedürfnissen zur Kommunikation und zum Datenaustausch. So sind die Frequenzen des Betriebsfunks oft stark überlastet, d.h. mehrere Nutzer aus dem gleichen Bedarfsträger-Bereich müssen die gleiche Frequenz benutzen, was nicht nur zu gegenseitigen Störungen führt. Durch die Benutzung der gleichen Frequenz können alle Mitbenutzer alle Informationen mithören, was in vielen Situationen nicht gewünscht wird (z.B. aufgrund Konkurrenzsituation im unternehmerischen Bereich oder bei Dienstleistungsanbietern).

Das neue Mobilfunksystem „Bündelfunk", auch „Chekker" genannt, wird seit Anfang der 90er-Jahre in deutschen Ballungsgebieten und Wirtschaftsräumen aufgebaut und arbeitet im Frequenzbereich von 410 bis 430 MHz. Wichtigstes Merkmal des Bündelfunks ist der Umstand, daß dem einzelnen Nutzer nicht mehr eine bestimmte Frequenz fest zugeteilt wird, sondern daß das Steuersystem dem Nutzer bei Gesprächswunsch automatisch eine gerade freie Frequenz aus einem ganzen Bündel zur Verfügung stehender Frequenzen zuteilt. Der Sender des Anwenders stellt sich dann automatisch auf die gerade zugeteilte Frequenz ein.

Durch dieses automatisch ablaufende Verfahren lassen sich die zur Verfügung stehenden Frequenzen viel besser nutzen. Außerdem bietet das Bündelfunksystem aber noch eine ganze Reihe weiterer Vorteile, z.B. eine gegenüber dem Betriebsfunk größere Reichweite, Kurzrufnummer, Gruppenruf (Flottenruf), Verbindung von Bündelfunkteilnehmern untereinander, Verbindung ins Nebenstellentelefonnetz oder ins öffentliche Telefonnetz (optional), Möglichkeiten zur Datenübertragung, sowie einen Kostenvorteil gegenüber den normalen Mobiltelefon.

Zwar geben die Anbieter an, daß das unerwünschte Mithören durch andere Teilnehmer am Bündelfunk ausgeschlossen ist, doch das stimmt nur im Prinzip. Die Konkurrenz oder sonstwer kann nicht mehr gezielt einen Teilnehmer abhören, weil nicht mehr feststeht,

*Das Bündelfunk-Kraftfahrzeugfunkgerät KF-Chip-T läßt sich in allen Situationen einfach bedienen. (Foto: Bosch)*

auf welcher Frequenz der sendet. Wohl kann man aber problemlos jeden Kanal des Bündelfunks abhören, denn die Sprachübertragung erfolgt ganz normal in FM-schmal.

Der Bündelfunk wird in Deutschland von der Deutschen Bundespost TELEKOM unter dem Namen Chekker bereits bereits in über 30 Regionen angeboten. Parallel können auch private Anbieter eigene Bündelfunknetze aufbauen, wobei Nutzer problemlos in allen Netzen arbeiten können. Dies sind die Bündelfunknetztypen A und B. Außerdem sind grundstücksbezogene Bündelfunknetze möglich, z.B. für Flughäfen und große Industriebetriebe, die nicht von außenstehenden Bündelfunkteilnehmern genutzt werden sollen (Bündelfunknetztyp C). Und speziell für den mobilen Datenfunk wird bundesweit ein Bündelfunknetz aufgebaut (Typ D).

Auf den folgenden Seiten sind die Frequenzpaare für den Bündelfunk Chekker A, B, und C aufgelistet.

## Bündelfunk Chekker-A

410.8125 420.8125
410.8250 420.8250
410.8375 420.8375
410.8500 420.8500
410.8625 420.8625
410.8750 420.8750
410.8875 420.8875
410.9000 420.9000
410.9125 420.9125
410.9250 420.9250
410.9375 420.9375
410.9500 420.9500
410.9625 420.9625
410.9750 420.9750
410.9875 420.9875
411.0000 421.0000
411.0125 421.0125
411.0250 421.0250
411.0375 421.0375
411.0500 421.0500
411.0625 421.0625
411.0750 421.0750
411.0875 421.0875
411.1000 421.1000
411.1125 421.1125
411.1250 421.1250
411.1375 421.1375
411.1500 421.1500
411.1625 421.1625
411.1750 421.1750
411.1875 421.1875
411.2000 421.2000
411.2125 421.2125
411.2250 421.2250
411.2375 421.2375
411.2500 421.2500
411.2625 421.2625
411.2750 421.2750
411.2875 421.2875
411.3000 421.3000
411.3125 421.3125
411.3250 421.3250
411.3375 421.3375
411.3500 421.3500
411.3625 421.3625
411.3750 421.3750
411.3875 421.3875
411.4000 421.4000
411.4125 421.4125
411.4250 421.4250
411.4375 421.4375
411.4500 421.4500
411.4625 421.4625
411.4750 421.4750
411.4875 421.4875
411.5000 421.5000
411.5125 421.5125
411.5250 421.5250
411.5375 421.5375
411.5500 421.5500
411.5625 421.5625
411.5750 421.5750
411.5875 421.5875
411.6000 421.6000
411.6125 421.6125
411.6250 421.6250
411.6375 421.6375
411.6500 421.6500
411.6625 421.6625
411.6750 421.6750
411.6875 421.6875
411.7000 421.7000
411.7125 421.7125
411.7250 421.7250
411.7375 421.7375
411.7500 421.7500
411.7625 421.7625
411.7750 421.7750
411.7875 421.7875
411.8000 421.8000
411.8125 421.8125
411.8250 421.8250
411.8375 421.8375
411.8500 421.8500
411.8625 421.8625

| | |
|---|---|
| 411.8750 | 421.8750 |
| 411.8875 | 421.8875 |
| 411.9000 | 421.9000 |
| 411.9125 | 421.9125 |
| 411.9250 | 421.9250 |
| 411.9375 | 421.9375 |
| 411.9500 | 421.9500 |
| 411.9625 | 421.9625 |
| 411.9750 | 421.9750 |
| 411.9875 | 421.9875 |
| 412.0000 | 422.0000 |
| 412.0125 | 422.0125 |
| 412.0250 | 422.0250 |
| 412.0375 | 422.0375 |
| 412.0500 | 422.0500 |
| 412.0625 | 422.0625 |
| 412.0750 | 422.0750 |
| 412.0875 | 422.0875 |
| 412.1000 | 422.1000 |
| 412.1125 | 422.1125 |
| 412.1250 | 422.1250 |
| 412.1375 | 422.1375 |
| 412.1500 | 422.1500 |
| 412.1625 | 422.1625 |
| 412.1750 | 422.1750 |
| 412.1875 | 422.1875 |
| 412.2000 | 422.2000 |
| 412.2125 | 422.2125 |
| 412.2250 | 422.2250 |
| 412.2375 | 422.2375 |
| 412.2500 | 422.2500 |
| 412.2625 | 422.2625 |
| 412.2750 | 422.2750 |
| 412.2875 | 422.2875 |
| 412.3000 | 422.3000 |
| 412.3125 | 422.3125 |
| 412.3250 | 422.3250 |
| 412.3375 | 422.3375 |
| 412.3500 | 422.3500 |
| 412.3625 | 422.3625 |
| 412.3750 | 422.3750 |
| 412.3875 | 422.3875 |
| 412.4000 | 422.4000 |
| 412.4125 | 422.4125 |
| 412.4250 | 422.4250 |
| 412.4375 | 422.4375 |
| 412.4500 | 422.4500 |
| 412.4625 | 422.4625 |
| 412.4750 | 422.4750 |
| 412.4875 | 422.4875 |
| 412.5000 | 422.5000 |
| 412.5125 | 422.5125 |
| 412.5250 | 422.5250 |
| 412.5375 | 422.5375 |
| 412.5500 | 422.5500 |
| 412.5625 | 422.5625 |
| 412.5750 | 422.5750 |
| 412.5875 | 422.5875 |
| 412.6000 | 422.6000 |
| 412.6125 | 422.6125 |
| 412.6250 | 422.6250 |
| 412.6375 | 422.6375 |
| 412.6500 | 422.6500 |
| 412.6625 | 422.6625 |
| 412.6750 | 422.6750 |
| 412.6875 | 422.6875 |
| 412.7000 | 422.7000 |
| 412.7125 | 422.7125 |
| 412.7250 | 422.7250 |
| 412.7375 | 422.7375 |
| 412.7500 | 422.7500 |
| 412.7625 | 422.7625 |
| 412.7750 | 422.7750 |
| 412.7875 | 422.7875 |
| 412.8000 | 422.8000 |
| 412.8125 | 422.8125 |
| 412.8250 | 422.8250 |
| 412.8375 | 422.8375 |
| 412.8500 | 422.8500 |
| 412.8625 | 422.8625 |
| 412.8750 | 422.8750 |
| 412.8875 | 422.8875 |
| 412.9000 | 422.9000 |
| 412.9125 | 422.9125 |
| 412.9250 | 422.9250 |
| 412.9375 | 422.9375 |
| 412.9500 | 422.9500 |
| 412.9625 | 422.9625 |
| 412.9750 | 422.9750 |
| 412.9875 | 422.9875 |

| | |
|---|---|
| 413.0000 | 423.0000 |
| 413.0125 | 423.0125 |
| 413.0250 | 423.0250 |
| 413.0375 | 423.0375 |
| 413.0500 | 423.0500 |
| 413.0625 | 423.0625 |
| 413.0750 | 423.0750 |
| 413.0875 | 423.0875 |
| 413.1000 | 423.1000 |
| 413.1125 | 423.1125 |
| 413.1250 | 423.1250 |
| 413.1375 | 423.1375 |
| 413.1500 | 423.1500 |
| 413.1625 | 423.1625 |
| 413.1750 | 423.1750 |
| 413.1875 | 423.1875 |
| 413.2000 | 423.2000 |
| 413.2125 | 423.2125 |
| 413.2250 | 423.2250 |
| 413.2375 | 423.2375 |
| 413.2500 | 423.2500 |
| 413.2625 | 423.2625 |
| 413.2750 | 423.2750 |
| 413.2875 | 423.2875 |
| 413.3000 | 423.3000 |
| 413.3125 | 423.3125 |
| 413.3250 | 423.3250 |
| 413.3375 | 423.3375 |
| 413.3500 | 423.3500 |
| 413.3625 | 423.3625 |
| 413.3750 | 423.3750 |
| 413.3875 | 423.3875 |
| 413.4000 | 423.4000 |
| 413.4125 | 423.4125 |
| 413.4250 | 423.4250 |
| 413.4375 | 423.4375 |
| 413.4500 | 423.4500 |
| 413.4625 | 423.4625 |
| 413.4750 | 423.4750 |
| 413.4875 | 423.4875 |
| 413.5000 | 423.5000 |
| 413.5125 | 423.5125 |
| 413.5250 | 423.5250 |
| 413.5375 | 423.5375 |
| 413.5500 | 423.5500 |
| 413.5625 | 423.5625 |
| 413.5750 | 423.5750 |
| 413.5875 | 423.5875 |
| 413.6000 | 423.6000 |
| 413.6125 | 423.6125 |
| 413.6250 | 423.6250 |
| 413.6375 | 423.6375 |
| 413.6500 | 423.6500 |
| 413.6625 | 423.6625 |
| 413.6750 | 423.6750 |
| 413.6875 | 423.6875 |
| 413.7000 | 423.7000 |
| 413.7125 | 423.7125 |
| 413.7250 | 423.7250 |
| 413.7375 | 423.7375 |
| 413.7500 | 423.7500 |
| 413.7625 | 423.7625 |
| 413.7750 | 423.7750 |
| 413.7875 | 423.7875 |
| 413.8000 | 423.8000 |
| 413.8125 | 423.8125 |
| 413.8250 | 423.8250 |
| 413.8375 | 423.8375 |
| 413.8500 | 423.8500 |
| 413.8625 | 423.8625 |
| 413.8750 | 423.8750 |
| 413.8875 | 423.8875 |
| 413.9000 | 423.9000 |
| 413.9125 | 423.9125 |
| 413.9250 | 423.9250 |
| 413.9375 | 423.9375 |
| 413.9500 | 423.9500 |
| 413.9625 | 423.9625 |
| 413.9750 | 423.9750 |
| 413.9875 | 423.9875 |
| 414.0000 | 424.0000 |
| 414.0125 | 424.0125 |
| 414.0250 | 424.0250 |
| 414.0375 | 424.0375 |
| 414.0500 | 424.0500 |
| 414.0625 | 424.0625 |
| 414.0750 | 424.0750 |
| 414.0875 | 424.0875 |
| 414.1000 | 424.1000 |
| 414.1125 | 424.1125 |

| | |
|---|---|
| 414.1250 | 424.1250 |
| 414.1375 | 424.1375 |
| 414.1500 | 424.1500 |
| 414.1625 | 424.1625 |
| 414.1750 | 424.1750 |
| 414.1875 | 424.1875 |
| 414.2000 | 424.2000 |
| 414.2125 | 424.2125 |
| 414.2250 | 424.2250 |
| 414.2375 | 424.2375 |
| 414.2500 | 424.2500 |
| 414.2625 | 424.2625 |
| 414.2750 | 424.2750 |
| 414.2875 | 424.2875 |
| 414.3000 | 424.3000 |
| 414.3125 | 424.3125 |
| 414.3250 | 424.3250 |
| 414.3375 | 424.3375 |
| 414.3500 | 424.3500 |
| 414.3625 | 424.3625 |
| 414.3750 | 424.3750 |
| 414.3875 | 424.3875 |
| 414.4000 | 424.4000 |
| 414.4125 | 424.4125 |
| 414.4250 | 424.4250 |
| 414.4375 | 424.4375 |
| 414.4500 | 424.4500 |
| 414.4625 | 424.4625 |
| 414.4750 | 424.4750 |
| 414.4875 | 424.4875 |
| 414.5000 | 424.5000 |
| 414.5125 | 424.5125 |
| 414.5250 | 424.5250 |
| 414.5375 | 424.5375 |
| 414.5500 | 424.5500 |
| 414.5625 | 424.5625 |
| 414.5750 | 424.5750 |
| 414.5875 | 424.5875 |
| 414.6000 | 424.6000 |
| 414.6125 | 424.6125 |
| 414.6250 | 424.6250 |
| 414.6375 | 424.6375 |
| 414.6500 | 424.6500 |
| 414.6625 | 424.6625 |
| 414.6750 | 424.6750 |
| 414.6875 | 424.6875 |
| 414.7000 | 424.7000 |
| 414.7125 | 424.7125 |
| 414.7250 | 424.7250 |
| 414.7375 | 424.7375 |
| 414.7500 | 424.7500 |
| 414.7625 | 424.7625 |
| 414.7750 | 424.7750 |
| 414.7875 | 424.7875 |
| 414.8000 | 424.8000 |
| 414.8125 | 424.8125 |
| 414.8250 | 424.8250 |
| 414.8375 | 424.8375 |
| 414.8500 | 424.8500 |
| 414.8625 | 424.8625 |
| 414.8750 | 424.8750 |
| 414.8875 | 424.8875 |
| 414.9000 | 424.9000 |
| 414.9125 | 424.9125 |
| 414.9250 | 424.9250 |
| 414.9375 | 424.9375 |
| 414.9500 | 424.9500 |
| 414.9625 | 424.9625 |
| 414.9750 | 424.9750 |
| 414.9875 | 424.9875 |
| 415.0000 | 425.0000 |

## Bündelfunk Chekker-B

| | |
|---|---|
| 415.8125 | 425.8125 |
| 415.8250 | 425.8250 |
| 415.8375 | 425.8375 |
| 415.8500 | 425.8500 |
| 415.8625 | 425.8625 |
| 415.8750 | 425.8750 |
| 415.8875 | 425.8875 |
| 415.9000 | 425.9000 |
| 415.9125 | 425.9125 |
| 415.9250 | 425.9250 |
| 415.9375 | 425.9375 |
| 415.9500 | 425.9500 |
| 415.9625 | 425.9625 |
| 415.9750 | 425.9750 |
| 415.9875 | 425.9875 |
| 416.0000 | 426.0000 |
| 416.0125 | 426.0125 |
| 416.0250 | 426.0250 |
| 416.0375 | 426.0375 |
| 416.0500 | 426.0500 |
| 416.0625 | 426.0625 |
| 416.0750 | 426.0750 |
| 416.0875 | 426.0875 |
| 416.1000 | 426.1000 |
| 416.1125 | 426.1125 |
| 416.1250 | 426.1250 |
| 416.1375 | 426.1375 |
| 416.1500 | 426.1500 |
| 416.1625 | 426.1625 |
| 416.1750 | 426.1750 |
| 416.1875 | 426.1875 |
| 416.2000 | 426.2000 |
| 416.2125 | 426.2125 |
| 416.2250 | 426.2250 |
| 416.2375 | 426.2375 |
| 416.2500 | 426.2500 |
| 416.2625 | 426.2625 |
| 416.2750 | 426.2750 |
| 416.2875 | 426.2875 |
| 416.3000 | 426.3000 |
| 416.3125 | 426.3125 |
| 416.3250 | 426.3250 |
| 416.3375 | 426.3375 |
| 416.3500 | 426.3500 |
| 416.3625 | 426.3625 |
| 416.3750 | 426.3750 |
| 416.3875 | 426.3875 |
| 416.4000 | 426.4000 |
| 416.4125 | 426.4125 |
| 416.4250 | 426.4250 |
| 416.4375 | 426.4375 |
| 416.4500 | 426.4500 |
| 416.4625 | 426.4625 |
| 416.4750 | 426.4750 |
| 416.4875 | 426.4875 |
| 416.5000 | 426.5000 |
| 416.5125 | 426.5125 |
| 416.5250 | 426.5250 |
| 416.5375 | 426.5375 |
| 416.5500 | 426.5500 |
| 416.5625 | 426.5625 |
| 416.5750 | 426.5750 |
| 416.5875 | 426.5875 |
| 416.6000 | 426.6000 |
| 417.4000 | 427.4000 |
| 417.4125 | 427.4125 |
| 417.4250 | 427.4250 |
| 417.4375 | 427.4375 |
| 417.4500 | 427.4500 |
| 417.4625 | 427.4625 |
| 417.4750 | 427.4750 |
| 417.4875 | 427.4875 |
| 417.5000 | 427.5000 |
| 417.5125 | 427.5125 |
| 417.5250 | 427.5250 |
| 417.5375 | 427.5375 |
| 417.5500 | 427.5500 |
| 417.5625 | 427.5625 |
| 417.5750 | 427.5750 |
| 417.5875 | 427.5875 |
| 417.6000 | 427.6000 |
| 417.6125 | 427.6125 |
| 417.6250 | 427.6250 |
| 417.6375 | 427.6375 |

417.6500 427.6500
417.6625 427.6625
417.6750 427.6750
417.6875 427.6875
417.7000 427.7000
417.7125 427.7125
417.7250 427.7250
417.7375 427.7375
417.7500 427.7500
417.7625 427.7625
417.7750 427.7750
417.7875 427.7875
417.8000 427.8000
417.8125 427.8125
417.8250 427.8250

417.8375 427.8375
417.8500 427.8500
417.8625 427.8625
417.8750 427.8750
417.8875 427.8875
417.9000 427.9000
417.9125 427.9125
417.9250 427.9250
417.9375 427.9375
417.9500 427.9500
417.9625 427.9625
417.9750 427.9750
417.9875 427.9875
418.0000 428.0000

## Bündelfunk Chekker-C

418.0125 428.0125
418.0250 428.0250
418.0375 428.0375
418.0500 428.0500
418.0625 428.0625
418.0750 428.0750
418.0875 428.0875
418.1000 428.1000
418.1125 428.1125
418.1250 428.1250
418.1375 428.1375
418.1500 428.1500
418.1625 428.1625
418.1750 428.1750
418.1875 428.1875
418.2000 428.2000
418.2125 428.2125
418.2250 428.2250
418.2375 428.2375
418.2500 428.2500
418.2625 428.2625
418.2750 428.2750
418.2875 428.2875
418.3000 428.3000
418.3125 428.3125
418.3250 428.3250

418.3375 428.3375
418.3500 428.3500
418.3625 428.3625
418.3750 428.3750
418.3875 428.3875
418.4000 428.4000
418.4125 428.4125
418.4250 428.4250
418.4375 428.4375
418.4500 428.4500
418.4625 428.4625
418.4750 428.4750
418.4875 428.4875
418.5000 428.5000
418.5125 428.5125
418.5250 428.5250
418.5375 428.5375
418.5500 428.5500
418.5625 428.5625
418.5750 428.5750
418.5875 428.5875
418.6000 428.6000
418.6125 428.6125
418.6250 428.6250
418.6375 428.6375
418.6500 428.6500

| | |
|---|---|
| 418.6625 | 428.6625 |
| 418.6750 | 428.6750 |
| 418.6875 | 428.6875 |
| 418.7000 | 428.7000 |
| 418.7125 | 428.7125 |
| 418.7250 | 428.7250 |
| 418.7375 | 428.7375 |
| 418.7500 | 428.7500 |
| 418.7625 | 428.7625 |
| 418.7750 | 428.7750 |
| 418.7875 | 428.7875 |
| 418.8000 | 428.8000 |
| 418.8125 | 428.8125 |
| 418.8250 | 428.8250 |
| 418.8375 | 428.8375 |
| 418.8500 | 428.8500 |
| 418.8625 | 428.8625 |
| 418.8750 | 428.8750 |
| 418.8875 | 428.8875 |
| 418.9000 | 428.9000 |
| 418.9125 | 428.9125 |
| 418.9250 | 428.9250 |
| 418.9375 | 428.9375 |
| 418.9500 | 428.9500 |
| 418.9625 | 428.9625 |
| 418.9750 | 428.9750 |
| 418.9875 | 428.9875 |
| 419.0000 | 429.0000 |
| 419.0125 | 429.0125 |
| 419.0250 | 429.0250 |
| 419.0375 | 429.0375 |
| 419.0500 | 429.0500 |
| 419.0625 | 429.0625 |
| 419.0750 | 429.0750 |
| 419.0875 | 429.0875 |
| 419.1000 | 429.1000 |
| 419.1125 | 429.1125 |
| 419.1250 | 429.1250 |
| 419.1375 | 429.1375 |
| 419.1500 | 429.1500 |
| 419.1625 | 429.1625 |
| 419.1750 | 429.1750 |
| 419.1875 | 429.1875 |
| 419.2000 | 429.2000 |
| 419.2125 | 429.2125 |
| 419.2250 | 429.2250 |
| 419.2375 | 429.2375 |
| 419.2500 | 429.2500 |
| 419.2625 | 429.2625 |
| 419.2750 | 429.2750 |
| 419.2875 | 429.2875 |
| 419.3000 | 429.3000 |
| 419.3125 | 429.3125 |
| 419.3250 | 429.3250 |
| 419.3375 | 429.3375 |
| 419.3500 | 429.3500 |
| 419.3625 | 429.3625 |
| 419.3750 | 429.3750 |
| 419.3875 | 429.3875 |
| 419.4000 | 429.4000 |
| 419.4125 | 429.4125 |
| 419.4250 | 429.4250 |
| 419.4375 | 429.4375 |
| 419.4500 | 429.4500 |
| 419.4625 | 429.4625 |
| 419.4750 | 429.4750 |
| 419.4875 | 429.4875 |
| 419.5000 | 429.5000 |
| 419.5125 | 429.5125 |
| 419.5250 | 429.5250 |
| 419.5375 | 429.5375 |
| 419.5500 | 429.5500 |
| 419.5625 | 429.5625 |
| 419.5750 | 429.5750 |
| 419.5875 | 429.5875 |
| 419.6000 | 429.6000 |
| 419.6125 | 429.6125 |
| 419.6250 | 429.6250 |
| 419.6375 | 429.6375 |
| 419.6500 | 429.6500 |
| 419.6625 | 429.6625 |
| 419.6750 | 429.6750 |
| 419.6875 | 429.6875 |
| 419.7000 | 429.7000 |
| 419.7125 | 429.7125 |
| 419.7250 | 429.7250 |
| 419.7375 | 429.7375 |
| 419.7500 | 429.7500 |
| 419.7625 | 429.7625 |

419.7750 429.7750
419.7875 429.7875
419.8000 429.8000

## Bündelfunk Chekker-A reserviert

419.8125 429.8125
419.8250 429.8250
419.8375 429.8375
419.8500 429.8500
419.8625 429.8625
419.8750 429.8750
419.8875 429.8875
419.9000 429.9000
419.9125 429.9125
419.9250 429.9250
419.9375 429.9375
419.9500 429.9500
419.9625 429.9625
419.9750 429.9750
419.9875 429.9875
420.0000 430.0000

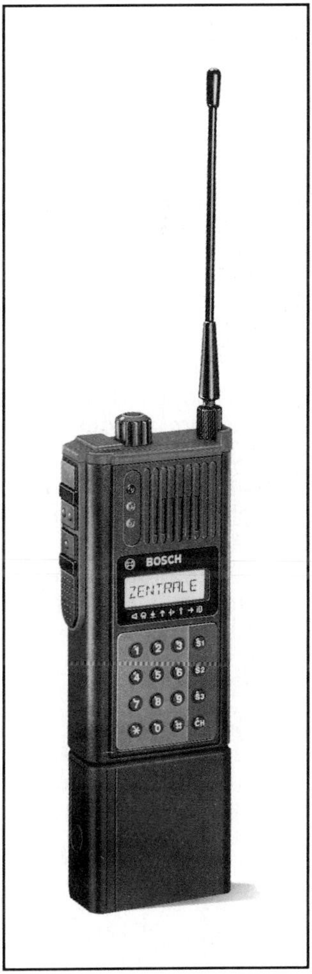


*Bei diesem kompakten Handsprechfunkgerät HFS wurde großen Wert auf eine leichte Bedienung (große Schalter und Tasten) gelegt. Das Gerät ist speziell für den Bündelfunk konzipiert, läßt sich mit Akkus unterschiedlicher Größe bestücken und bringt bis zu 4 W Sendeleistung. (Foto: Bosch)*

# Zugfunk

Erst Anfang der 70er-Jahre begann die Deutsche Bundesbahn mit dem Aufbau des Zugfunks. Der Zugfunk trägt zu einer wesentlichen Erhöhung der Sicherheit im Bahnverkehr bei. Alle Bahnhöfe und betriebsleitenden Stellen sind über Funk mit den Zügen verbunden. So kann zum Beispiel vor Gefahren unmittelbar gewarnt werden. Außerdem kann der Betriebsablauf wirtschaftlicher und flüssiger geregelt und der Kundendienst verbessert werden (z.B. mit Durchsagen vom Bahnhof aus in einen Zug auf der Strecke, mit Durchsagen über Umsteigemöglichkeiten bei Verspätungen u.ä.). Für die Bundesbahn ist der Zugfunk ein nützliches Hilfsmittel der Betriebsführung neben den üblichen Signaleinrichtungen.

Jeweils für größere Streckenbereiche (etwa 100 Streckenkilometer) ist eine Funkzentrale zuständig, ggf. ist das die Zugüberwachungsstelle. Die Funkversorgung erfolgt über eine Kette von Streckenfunkstellen, die alle mit der jeweiligen Funkzentrale verbunden sind. Die Funkzentralen wiederum sind mit allen Fahrdienstleitern auf den Strecken über Fernsprechleitungen verbunden. Um gezielt einen bestimmten Zug ansprechen zu können, bedient man sich eines Selektivrufverfahrens. Zur schnellen und einfachen Übermittlung von Standard-Aufträgen und Meldungen kommt zusätzlich zum Sprechfunk eine kodierte Signalübertragung zum Einsatz. Senderseitig werden Tasten gedrückt, am Empfänger leuchten dann entsprechende Anzeigesignale auf.

## Frequenzbereich

Als günstigster Frequenzbereich für den Zugfunk hat sich das 70-cm-Band erwiesen, weil darin die Störungen durch den elektrischen Fahrbetrieb am geringsten sind. Dem Zugfunk ist folgender Frequenzbereich zugewiesen:

457,400 – 458,300 und 467,400 – 468,300 MHz

Darin enthalten sind 37 Kanäle (Duplexverkehr) mit einem Kanalabstand von 25 kHz (FM-schmal). Über die Kanaleinteilung gibt die Tabelle Auskunft.

## Zugfunk Frequenz- und Kanaltabelle

| Fahrzeugsende-frequenz MHz | Fahrzeugempfangs-frequenz MHz | Kanal-Nr. |
|---|---|---|
| 457,400 | 467,400 | 09 |
| 457,425 | 467,425 | 10 |
| 457,450 | 467,450 | 11 |
| 457,475 | 467,475 | 12 |
| 457,500 | 467,500 | 13 |
| 457,525 | 467,525 | 14 |
| 457,550 | 467,550 | 15 |
| 457,575 | 467,575 | 16 |
| 457,600 | 467,600 | 17 |
| 457,625 | 467,625 | 18 |
| 457,650 | 467,650 | 19 |
| 457,675 | 467,675 | 20 |
| 457,700 | 467,700 | 21 |
| 457,725 | 467,725 | 22 |
| 457,750 | 467,750 | 23 |
| 457,775 | 467,775 | 24 |
| 457,800 | 467,800 | 25 |
| 457,825 | 467,825 | 26 |
| 457,850 | 467,850 | 27 |
| 457,875 | 467,875 | 28 |
| 457,900 | 467,900 | 29 |
| 457,925 | 467,925 | 30 |
| 457,950 | 467,950 | 31 |
| 457,975 | 467,975 | 32 |
| 458,000 | 468,000 | 33 |
| 458,025 | 468,025 | 34 |
| 458,050 | 468,050 | 35 |
| 458,075 | 468,075 | 36 |
| 458,100 | 468,100 | 37 |

| | | |
|---|---|---|
| 458,125 | 468,125 | 38 |
| 458,150 | 468,150 | 39 |
| 458,175 | 468,175 | 40 |
| 458,200 | 468,200 | 41 |
| 458,225 | 468,225 | 42 |
| 458,250 | 468,250 | 43 |
| 458,275 | 468,275 | 44 |
| 458,300 | 468,300 | 45 |
| Für die Binnenschiffahrt der Bundesbahn sind die Kanäle 14, 15 und 16 des Zugfunks vorgesehen. | | |

## Betriebsfunk bei der Deutschen Bundesbahn

Zusätzlich zum Zugfunk unterhält die Deutsche Bundesbahn auch einen umfangreichen Betriebsfunkdienst, z.B. für die Arbeit auf den Rangierbahnhöfen. Für diesen Eisenbahn-Betriebsfunkdienst sind folgende Bereiche im 4- und 2-m-Sprechfunkband vorgesehen:

68,630 – 68,910 MHz / 78,430 – 78,710 MHz
(15 Duplex-Kanäle)

70,040 – 70,900 MHz / 80,040 – 80,900 MHz
(44 Duplex-Kanäle nur für Ballungsgebiete)

166,430 – 166,890 MHz / 171,030 – 171,490 MHz
(21 Duplex-Kanäle)

Angegeben ist jeweils der erste und letzte Kanal. Der Kanalabstand beträgt 20 kHz. Betriebsart: FM-schmal.

# Funkdienste der Behörden und Organisationen mit Sicherheitsaufgaben (BOS)

Für alle Behörden und Organisationen mit Sicherheitsaufgaben (abgekürzt: BOS) ist ein funktionierendes Sprechfunknetz unbedingt notwendig, um überhaupt erfolgreich arbeiten zu können. Zu den Sicherheitsdiensten zählen:

- die Polizeibehörden des Bundes und der Länder (Polizei, Bundesgrenzschutz, Bundeskriminalamt, Innenministerium),
- die Zollverwaltung,
- die Feuerwehren (Ruf: Florian/Florentine),
- der Katastrophenschutz (Ruf: Kater/Katharina) und das Technische Hilfswerk THW (Ruf: Heros/Hermine),
- sowie die freiwilligen Sanitätsorganisationen
  Deutsches Rotes Kreuz DRK (Ruf: Rotkreuz/Äskulap),
  Johanniter Unfall-Hilfe JUH (Ruf: Akkon/Jonas),
  Malteser Hilfsdienst MHD (Ruf: Johannes/Malta),
  Arbeiter Samariter Bund ASB (Ruf: Sama/Samuel),
  Rettungshubschrauber (Ruf: Christoph).

## Zugeteilte Funkbereiche/Kanäle

Die BOS-Funkdienste arbeiten im 8-Meter-, 4-Meter-, 2-Meter- und 70-cm-Band, hauptsächlich im 4-m-Band. Zur möglichst einfachen Handhabung sind die Bereiche unterteilt in einzelne Funkverkehrskanäle. Es erfolgt also keine Abstimmung mehr auf MHz-Frequenzen, sondern jeder Kanal kann am Sprechfunkgerät ohne große Umstände fest eingerastet werden. Die Kanäle sind innerhalb der Bänder fortlaufend numeriert.

| | |
|---|---|
| **8-Meter-Band:** | 34,35 – 35,81 MHz |
| | 38,45 – 38,91 MHz |
| **4-Meter-Band:** | 74,20 – 77,50 MHz |
| | 84,00 – 87,30 MHz |
| **2-Meter-Band:** | 165,20 – 165,70 MHz |
| | 169,80 – 173,30 MHz |
| | 167,54 – 169,40 MHz |
| | 172,14 – 174,00 MHz |
| **70-cm-Band:** | 443,50 – 445,00 MHz |
| | 448,50 – 450,00 MHz |

Die Kanäle, deren Bezeichnung mit der Zahl 8 beginnt (Kanäle 801–873) befinden sich im 8-Meter-Band. Die Kanäle, deren Bezeichnung mit den Zahlen 3, 4 oder 5 beginnen (Kanäle 347–509) befinden sich im 4-Meter-Band. Die Kanäle, deren Bezeichnung mit den Zahlen 1 oder 2 beginnen (Kanäle 101–125 und 201–292) befinden sich im 2-Meter-Band. Und die Kanäle, die mit den Zahlen 6 oder 7 beginnen (Kanäle 690–799) befinden sich im 70-cm-Band.

Der Kanalabstand beträgt jeweils 20 kHz (im 70-cm-Band 12,5 kHz). Modulationsart ist immer FM-schmal.

Eine komplette Übersicht über die BOS-Bereiche, Kanäle und dazugehörige Frequenzen finden Sie im Anschluß an diese Erläuterungen.

*Handsprechfunkgerät FuG 10a im Einsatz bei der Polizei.
(Foto: Bosch)*

*Der robuste Klassiker unter den BOS-Handsprechfunkgeräten ist das FuG 10. (Fotos: Bosch)*

## Oberband / Unterband

Zur Durchführung der Betriebsart Gegensprechen (Duplex) werden für die Sprechfunkverbindungen zwei verschiedene Frequenzen eingesetzt, eine zum Senden und die andere zum Empfangen.

Die Bereiche sind daher in ein Unterband und ein Oberband aufgeteilt. Jedes Kanalpaar besteht aus einer Unterband- und einer Oberband-Frequenz. Der Gegensprechabstand beträgt im 8-Meter-Band 4,1 MHz, im 4-Meter-Band 9,8 MHz, im 2-Meter-Band 4,6 MHz und im 70-cm-Band 5,0 MHz.

Zur Unterscheidung, ob nun der betreffende Kanal senderseitig im Oberband (als ortsfeste Leitstelle oder Relaisstelle) oder im Unterband (als untergeordnete ortsfeste oder mobile Station) betrieben werden soll, wird der Kanalzahl ein Kennbuchstabe hinzugefügt, nämlich

U für Unterband oder

O für Oberband.

Die beiden, nur durch O und U unterscheidbaren und miteinander korrespondierenden Kanäle bilden ein Kanalpaar.

Beispiel: Wird bei einem BOS-Funkdienst auf Kanal 470 gearbeitet, dann sendet die ortsfeste Leitfunkstelle mit der Einstellung 470 O (=86,475 MHz), während alle untergeordneten Funkstellen (Geräte) automatisch auf 470 U (=76,675 MHz) arbeiten. Die Kanalbezeichnungen und Einstellungen gelten immer für den Sender, während der Empfänger automatisch im korrespondierenden Kanal empfängt.

## Wechselsprechen / Gegensprechen

Im Sprechfunkverkehr gibt es mehrere Verkehrsarten. Beim Wechselsprechen kann immer nur einer sprechen, während der andere Gesprächspartner hört; das Gespräch erfolgt also abwechselnd.

Aufwendiger, aber für den BOS-Funk notwendig, ist das Gegensprechen (Duplex). Dabei ist gleichzeitiges Sprechen in beide

Richtungen möglich. Beide Gesprächspartner können also gleichzeitig senden und empfangen. Dazu sind allerdings zwei verschiedene Funkfrequenzen erforderlich. Deswegen bestehen die BOS-Funkkanäle auch aus Kanalpaaren.

Nur in der Betriebsart Gegensprechen ist der bei vielen Sicherheitsdiensten erforderliche Relaisbetrieb möglich. Auch für die Überleitung vom Funkweg auf den Drahtweg (Telefon) und umgekehrt ist Gegensprechbetrieb erforderlich.

Eine Variante des Gegensprechens ist das bedingte Gegensprechen (Semi-Duplex). Es handelt sich dabei prinzipiell um ein Gegensprechen auf zwei Kanälen, doch ist beim Semi-Duplex immer nur ein Kanal (Funkweg) in Betrieb. Ob eine Verbindung als bedingtes Gegensprechen abläuft, hängt von den technischen Möglichkeiten der eingesetzten Geräte bzw. des Funknetzes ab.

Kennzeichnung am Funkgerät: W = Wechselsprechen

G = Gegensprechen

## Relaisbetrieb

Die Reichweite der Sprechfunkgeräte ist begrenzt und kann durch die geografische Situation des Einsatzgebietes zusätzlich beeinträchtigt werden. Viele BOS-Funkdienste setzen daher ortsfeste Relaisfunkstellen an verschiedenen Standorten ein. So verläuft dann eine Funksprechverbindung zum Beispiel von einem Einsatzfahrzeug über das nächstgelegene Relais und eventuell weitere Relais zur Leitfunkstelle – und umgekehrt genauso.

Kennzeichnung am Funkgerät: RS = Relaisbetrieb

## BOS-Sprechfunkgeräte

Zur Vereinheitlichung der eingesetzten Funkgeräte bei allen Sicherheitsdiensten wurden Technische Richtlinien (TR) erlassen, die sehr genau regeln, wie BOS-Sprechfunkgeräte aufgebaut sein müssen. Frequenzbereich, Kanalzahl, Betriebsarten, elektrische Daten für Sender und Empfänger, Antennenart, Stromversorgung und mechanischer Aufbau sind detailliert vorgeschrieben. Wenn mehrere Hersteller das gleiche Gerät bauen, müssen sogar die Größe und Anordnung der Bedienungselemente und ihre Beschriftung übereinstimmen. Sprechfunkgeräte, die nach diesen Richtlinien gebaut werden, erhalten eine Funk-Geräte-Nummer (FuG-Nummer), z.B. FuG 9. Weiterentwicklungen werden durch einen anhängenden Buchstaben gekennzeichnet, z.B. FuG 9a.

*TELETRON-Vielkanal-Sprechfunkgerät FuG 8b. Das Gerät wird eingesetzt im 4-Meter-Band bei Behörden und Organisationen mit Sicherheitsaufgaben (BOS). Es ist in verschiedenen Ausführungen lieferbar und kann leicht den unterschiedlichen Funknetzen angepaßt werden. Deutlich erkennbar sind die Kanaleinstellung, die Art- und Bandschalter, Ruftasten u.ä. (Foto: Pfitzner Teletron)*

## Kanal- und Frequenztabelle für die Behörden und Organisationen mit Sicherheitsaufgaben (BOS) im 8-Meter-Sprechfunkband

| Kanal-Nr. | Unterbandfrequenz (MHz) | Oberbandfrequenz (MHz) |
|---|---|---|
| 801 | 34,360 | 38,460 |
| 802 | 34,380 | 38,480 |
| 803 | 34,400 | 38,500 |
| 804 | 34,420 | 38,520 |
| 805 | 34,440 | 38,540 |
| 806 | 34,460 | 38,560 |
| 807 | 34,480 | 38,580 |
| 808 | 34,500 | 38,600 |
| 809 | 34,520 | 38,620 |
| 810 | 34,540 | 38,640 |
| 811 | 34,560 | 38,660 |
| 812 | 34,580 | 38,680 |
| 813 | 34,600 | 38,700 |
| 814 | 34,620 | 38,720 |
| 815 | 34,640 | 38,740 |
| 816 | 34,660 | 38,760 |
| 817 | 34,680 | 38,780 |
| 818 | 34,700 | 38,800 |
| 819 | 34,720 | 38,820 |
| 820 | 34,740 | 38,840 |
| 821 | 34,760 | 38,860 |
| 822 | 34,780 | 38,880 |
| 823 | 34,800 | 38,900 |
| 824 | 34,820 | 38,920 |
| 825 | 34,840 | 38,940 |
| 826 | 34,860 | 38,960 |
| 827 | 34,880 | 38,980 |
| 828 | 34,900 | 39,000 |

| 829 | 34,920 | 39,020 |
|---|---|---|
| 830 | 34,940 | 39,040 |
| 831 | 34,960 | 39,060 |
| 832 | 34,980 | 39,080 |
| 833 | 35,000 | 39,100 |
| 834 | 35,020 | 39,120 |
| 835 | 35,040 | 39,140 |
| 836 | 35,060 | 39,160 |
| 837 | 35,080 | 39,180 |
| 838 | 35,100 | 39,200 |
| 839 | 35,120 | 39,220 |
| 840 | 35,140 | 39,240 |
| 841 | 35,160 | 39,260 |
| 842 | 35,180 | 39,280 |
| 843 | 35,200 | 39,300 |
| 844 | 35,220 | 39,320 |
| 845 | 35,240 | 39,340 |
| 846 | 35,260 | 39,360 |
| 847 | 35,280 | 39,380 |
| 848 | 35,300 | 39.400 |
| 849 | 35,320 | 39,420 |
| 850 | 35,340 | 39,440 |
| 851 | 35,360 | 39,460 |
| 852 | 35,380 | 39,480 |
| 853 | 35,400 | 39,500 |
| 854 | 35,420 | 39,520 |
| 855 | 35,440 | 39,540 |
| 856 | 35,460 | 39,560 |
| 857 | 35,480 | 39,580 |
| 858 | 35,500 | 39,600 |
| 859 | 35,520 | 39,620 |
| 860 | 35,540 | 39,640 |
| 861 | 35,560 | 39,660 |
| 862 | 35,580 | 39,680 |
| 863 | 35,600 | 39,700 |
| 864 | 35,620 | 39,720 |

| | | |
|---|---|---|
| 865 | 35,640 | 39,740 |
| 866 | 35,660 | 39,760 |
| 867 | 35,680 | 39,780 |
| 868 | 35,700 | 39,800 |
| 869 | 35,720 | 39,820 |
| 870 | 35,740 | 39,840 |
| 871 | 35,760 | 39,860 |
| 872 | 35,780 | 39,880 |
| 873 | 35,800 | 39,900 |

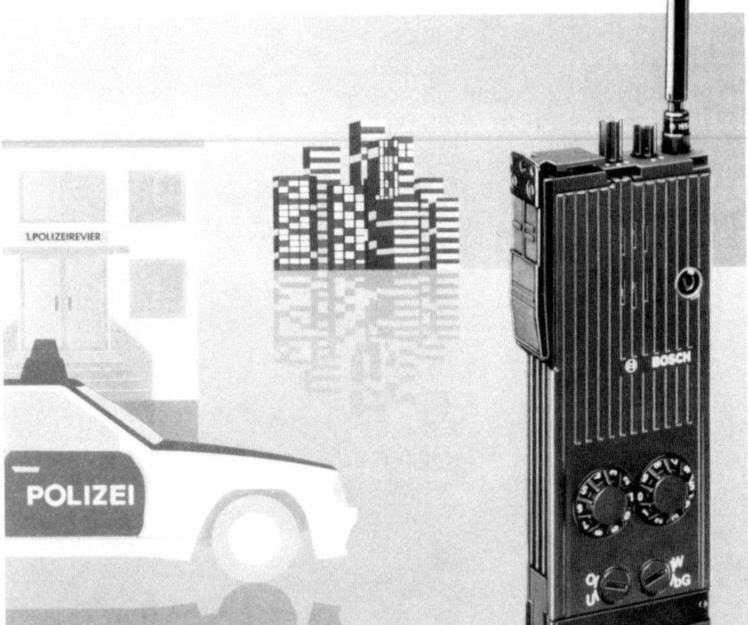


*Ein Standard-Handfunksprechgerät der Polizei: FuG 10a. (Foto: Bosch)*

## Kanal- und Frequenztabelle für die Behörden und Organisationen mit Sicherheitsaufgaben (BOS) im 4-Meter-Sprechfunkband

| Kanal-Nr. | Unterbandfrequenz (MHz) | Oberbandfrequenz (MHz) |
|---|---|---|
| 347 | 74,215 | 84,015 |
| 348 | 74,235 | 84,035 |
| 349 | 74,255 | 84,055 |
| 350 | 74,275 | 84,075 |
| 351 | 74,295 | 84,095 |
| 352 | 74,315 | 84,115 |
| 353 | 74,335 | 84,135 |
| 354 | 74,355 | 84,155 |
| 355 | 74,375 | 84,175 |
| 356 | 74,395 | 84,195 |
| 357 | 74,415 | 84,215 |
| 358 | 74,435 | 84,235 |
| 359 | 74,455 | 84,255 |
| 360 | 74,475 | 84,275 |
| 361 | 74,495 | 84,295 |
| 362 | 74,515 | 84,315 |
| 363 | 74,535 | 84,335 |
| 364 | 74,555 | 84,355 |
| 365 | 74,575 | 84,375 |
| 366 | 74,595 | 84,395 |
| 367 | 74,615 | 84,415 |
| 368 | 74,635 | 84,435 |
| 369 | 74,655 | 84,455 |
| 370 | 74,675 | 84,475 |
| 371 | 74,695 | 84,495 |
| 372 | 74,715 | 84,515 |
| 373 | 74,735 | 84,535 |
| 374 | 74,755 | 84,555 |

| | | |
|---|---|---|
| 375 | 74,775 | 84,575 |
| 376 | | 84,595 |
| 377 | | 84,615 |
| 378 | | 84,635 |
| 379 | | 84,655 |
| 380 | | 84,675 |
| 381 | | 84,695 |
| 382 | | 84,715 |
| 383 | | 84,735 |
| 384 | | 84,755 |
| 385 | | 84,775 |
| 386 | | 84,795 |
| 387 | | 84,815 |
| 388 | | 84,835 |
| 389 | | 84,855 |
| 390 | | 84,875 |
| 391 | | 84,895 |
| 392 | | 84,915 |
| 393 | | 84,935 |
| 394 | | 84,955 |
| 395 | | 84,975 |
| 396 | | 84,995 |
| 397 | 75,215 | 85,015 |
| 398 | 75,235 | 85,035 |
| 399 | 75,255 | 85,055 |
| 400 | 75,275 | 85,075 |
| 401 | 75,295 | 85,095 |
| 402 | 75,315 | 85,115 |
| 403 | 75,335 | 85,135 |
| 404 | 75,355 | 85,155 |
| 405 | 75,375 | 85,175 |
| 406 | 75,395 | 85,195 |
| 407 | 75,415 | 85,215 |
| 408 | 75,435 | 85,235 |
| 409 | 75,455 | 85,255 |
| 410 | 75,475 | 85,275 |

| 411 | 75,495 | 85,295 |
|---|---|---|
| 412 | 75,515 | 85,315 |
| 413 | 75,535 | 85,335 |
| 414 | 75,555 | 85,355 |
| 415 | 75,575 | 85,375 |
| 416 | 75,595 | 85,395 |
| 417 | 75,615 | 85,415 |
| 418 | 75,635 | 85,435 |
| 419 | 75,655 | 85,455 |
| 420 | 75,675 | 85,475 |
| 421 | 75,695 | 85,495 |
| 422 | 75,715 | 85,515 |
| 423 | 75,735 | 85,535 |
| 424 | 75,755 | 85,555 |
| 425 | 75,775 | 85,575 |
| 426 | 75,795 | 85,595 |
| 427 | 75,815 | 85,615 |
| 428 | 75,835 | 85,635 |
| 429 | 75,855 | 85,655 |
| 430 | 75,875 | 85,675 |
| 431 | 75,895 | 85,695 |
| 432 | 75,915 | 85,715 |
| 433 | 75,935 | 85,735 |
| 434 | 75,955 | 85,755 |
| 435 | 75,975 | 85,775 |
| 436 | 75,995 | 85,795 |
| 437 | 76,015 | 85,815 |
| 438 | 76,035 | 85,835 |
| 439 | 76,055 | 85,855 |
| 440 | 76,075 | 85,875 |
| 441 | 76,095 | 85,895 |
| 442 | 76,105 | 85,915 |
| 443 | 76,135 | 85,935 |
| 444 | 76,155 | 85,955 |
| 445 | 76,175 | 85,975 |
| 446 | 76,195 | 85,995 |

| | | |
|---|---|---|
| 447 | 76,215 | 86,015 |
| 448 | 76,235 | 86,035 |
| 449 | 76,255 | 86,055 |
| 450 | 76,275 | 86,075 |
| 451 | 76,295 | 86,095 |
| 452 | 76,315 | 86,115 |
| 453 | 76,335 | 86,135 |
| 454 | 76,355 | 86,155 |
| 455 | 76,375 | 86,175 |
| 456 | 76,395 | 86,195 |
| 457 | 76,415 | 86,215 |
| 458 | 76,435 | 86,235 |
| 459 | 76,455 | 86,255 |
| 460 | 76,475 | 86,275 |
| 461 | 76,495 | 86,295 |
| 462 | 76,515 | 86,315 |
| 463 | 76,535 | 86,335 |
| 464 | 76,555 | 86,355 |
| 465 | 76,575 | 86,375 |
| 466 | 76,595 | 86,395 |
| 467 | 76,615 | 86,415 |
| 468 | 76,635 | 86,435 |
| 469 | 76,655 | 86,455 |
| 470 | 76,675 | 86,475 |
| 471 | 76,695 | 86,495 |
| 472 | 76,715 | 86,515 |
| 473 | 76,735 | 86,535 |
| 474 | 76,755 | 86,555 |
| 475 | 76,775 | 86,575 |
| 476 | 76,795 | 86,595 |
| 477 | 76,815 | 86,615 |
| 478 | 76,835 | 86,635 |
| 479 | 76,855 | 86,655 |
| 480 | 76,875 | 86,675 |
| 481 | 76,895 | 86,695 |
| 482 | 76,915 | 86,715 |

| | | |
|---|---|---|
| 483 | 76,935 | 86,735 |
| 484 | 76,955 | 86,755 |
| 485 | 76,975 | 86,775 |
| 486 | 76,995 | 86,795 |
| 487 | 77,015 | 86,815 |
| 488 | 77,035 | 86,835 |
| 489 | 77,055 | 86,855 |
| 490 | 77,075 | 86,875 |
| 491 | 77,095 | 86,895 |
| 492 | 77,115 | 86,915 |
| 493 | 77,135 | 86,935 |
| 494 | 77,155 | 86,955 |
| 495 | 77,175 | 86,975 |
| 496 | 77,195 | 86,995 |
| 497 | 77,215 | 87,015 |
| 498 | 77,235 | 87,035 |
| 499 | 77,255 | 87,055 |
| 500 | 77,275 | 87,075 |
| 501 | 77,295 | 87,095 |
| 502 | 77,315 | 87,115 |
| 503 | 77,335 | 87,135 |
| 504 | 77,355 | 87,155 |
| 505 | 77,375 | 87,175 |
| 506 | 77,395 | 87,195 |
| 507 | 77,415 | 87,215 |
| 508 | 77,435 | 87,235 |
| 509 | 77,455 | 87,255 |

## Kanal- und Frequenztabelle für die Behörden und Organisationen mit Sicherheitsaufgaben (BOS) im 2-Meter-Sprechfunkband

| Kanal-Nr. | Unterbandfrequenz (MHz) | Oberbandfrequenz (MHz) |
|---|---|---|
| 101 | 165,210 | 169,810 |
| 102 | 165,230 | 169,830 |
| 103 | 165,250 | 169,850 |
| 104 | 165,270 | 169,870 |
| 105 | 165,290 | 169,890 |
| 106 | 165,310 | 169,910 |
| 107 | 165,330 | 169,930 |
| 108 | 165,350 | 169,950 |
| 109 | 165,370 | 169,970 |
| 110 | 165,390 | 169,990 |
| 111 | 165,410 | 170,010 |
| 112 | 165,430 | 170,030 |
| 113 | 165,450 | 170,050 |
| 114 | 165,470 | 170,070 |
| 115 | 165,490 | 170,090 |
| 116 | 165,510 | 170,110 |
| 117 | 165,530 | 170,130 |
| 118 | 165,550 | 170,150 |
| 119 | 165,570 | 170,170 |
| 120 | 165,590 | 170,190 |
| 121 | 165,610 | 170,210 |
| 122 | 165,630 | 170,230 |
| 123 | 165,650 | 170,250 |
| 124 | 165,670 | 170,270 |
| 125 | 165,690 | 170,290 |
| 201 | 167,560 | 172,160 |
| 202 | 167,580 | 172,180 |
| 203 | 167,600 | 172,200 |

| | | |
|---|---|---|
| 204 | 167,620 | 172,220 |
| 205 | 167,640 | 172,240 |
| 206 | 167,660 | 172,260 |
| 207 | 167,680 | 172,280 |
| 208 | 167,700 | 172,300 |
| 209 | 167,720 | 172,320 |
| 210 | 167,740 | 172,340 |
| 211 | 167,760 | 172,360 |
| 212 | 167,780 | 172,380 |
| 213 | 167,800 | 172,400 |
| 214 | 167,820 | 172,420 |
| 215 | 167,840 | 172,440 |
| 216 | 167,860 | 172,460 |
| 217 | 167,880 | 172,480 |
| 218 | 167,900 | 172,500 |
| 219 | 167,920 | 172,520 |
| 220 | 167,940 | 172,540 |
| 221 | 167,960 | 172,560 |
| 222 | 167,980 | 172,580 |
| 223 | 168,000 | 172,600 |
| 224 | 168,020 | 172,620 |
| 225 | 168,040 | 172,640 |
| 226 | 168,060 | 172,660 |
| 227 | 168,080 | 172,680 |
| 228 | 168,100 | 172,700 |
| 229 | 168,120 | 172,720 |
| 230 | 168,140 | 172,740 |
| 231 | 168,160 | 172,760 |
| 232 | 168,180 | 172,780 |
| 233 | 168,200 | 172,800 |
| 234 | 168,220 | 172,820 |
| 235 | 168,240 | 172,840 |
| 236 | 168,260 | 172,860 |
| 237 | 168,280 | 172,880 |
| 238 | 168,300 | 172,900 |
| 239 | 168,320 | 172,920 |

| | | |
|---|---|---|
| 240 | 168,340 | 172,940 |
| 241 | 168,360 | 172,960 |
| 242 | 168,380 | 172,980 |
| 243 | 168,400 | 173,000 |
| 244 | 168,420 | 173,020 |
| 245 | 168,440 | 173,040 |
| 246 | 168,460 | 173,060 |
| 247 | 168,480 | 173,080 |
| 248 | 168,500 | 173,100 |
| 249 | 168,520 | 173,120 |
| 250 | 168,540 | 173,140 |
| 251 | 168,560 | 173,160 |
| 252 | 168,580 | 173,180 |
| 253 | 168,600 | 173,200 |
| 254 | 168,620 | 173,220 |
| 255 | 168,640 | 173,240 |
| 256 | 168,660 | 173,260 |
| 257 | 168,680 | 173,280 |
| 258 | 168,700 | 173,300 |
| 259 | 168,720 | 173,320 |
| 260 | 168,740 | 173,340 |
| 261 | 168,760 | 173,360 |
| 262 | 168,780 | 173,380 |
| 263 | 168,800 | 173,400 |
| 264 | 168,820 | 173,420 |
| 265 | 168,840 | 173,440 |
| 266 | 168,860 | 173,460 |
| 267 | 168,880 | 173,480 |
| 268 | 168,900 | 173,500 |
| 269 | 168,920 | 173,520 |
| 270 | 168,940 | 173,540 |
| 271 | 168,960 | 173,560 |
| 272 | 168,980 | 173,580 |
| 273 | 169,000 | 173,600 |
| 274 | 169,020 | 173,620 |
| 275 | 169,040 | 173,640 |

| | | |
|---|---|---|
| 276 | 169,060 | 173,660 |
| 277 | 169,080 | 173,680 |
| 278 | 169,100 | 173,700 |
| 279 | 169,120 | 173,720 |
| 280 | 169,140 | 173,740 |
| 281 | 169,160 | 173,760 |
| 282 | 169,180 | 173,780 |
| 283 | 169,200 | 173,800 |
| 284 | 169,220 | 173,820 |
| 285 | 169,240 | 173,840 |
| 286 | 169,260 | 173,860 |
| 287 | 169,280 | 173,880 |
| 288 | 169,300 | 173,900 |
| 289 | 169,320 | 173,920 |
| 290 | 169,340 | 173,940 |
| 291 | 169,360 | 173,960 |
| 292 | 169,380 | 173,980 |

## Kanal- und Frequenztabelle für die Behörden und Organisationen mit Sicherheitsaufgaben (BOS) im 70-cm-Sprechfunkband

| Kanal-Nr. | Unterbandfrequenz (MHz) | Oberbandfrequenz (MHz) |
|---|---|---|
| 690 | 443,6000 | 448,6000 |
| 691 | 443,6125 | 448,6125 |
| 692 | 443,6250 | 448,6250 |
| 693 | 443,6375 | 448,6375 |
| 694 | 443,6500 | 448,6500 |
| 695 | 443,6625 | 448,6625 |
| 696 | 443,6750 | 448,6750 |
| 697 | 443,6875 | 448,6875 |
| 698 | 443,7000 | 448,7000 |
| 699 | 443,7125 | 448,7125 |
| 700 | 443,7250 | 448,7250 |
| 701 | 443,7375 | 448,7375 |
| 702 | 443,7500 | 448,7500 |
| 703 | 443,7625 | 448,7625 |
| 704 | 443,7750 | 448,7750 |
| 705 | 443,7875 | 448,7875 |
| 706 | 443,8000 | 448,8000 |
| 707 | 443,8125 | 448,8125 |
| 708 | 443,8250 | 448,8250 |
| 709 | 443,8375 | 448,8375 |
| 710 | 443,8500 | 448,8500 |
| 711 | 443,8625 | 448,8625 |
| 712 | 443,8750 | 448,8750 |
| 713 | 443,8875 | 448,8875 |
| 714 | 443,9000 | 448,9000 |
| 715 | 443,9125 | 448,9125 |
| 716 | 443,9250 | 448,9250 |
| 717 | 443,9375 | 448,9375 |

| | | |
|---|---|---|
| 718 | 443,9500 | 448,9500 |
| 719 | 443,9625 | 448,9625 |
| 720 | 443,9750 | 448,9750 |
| 721 | 443,9875 | 448,9875 |
| 722 | 444,0000 | 449,0000 |
| 723 | 444,0125 | 449,0125 |
| 724 | 444,0250 | 449,0250 |
| 725 | 444,0375 | 449,0375 |
| 726 | 444,0500 | 449,0500 |
| 727 | 444,0625 | 449,0625 |
| 728 | 444,0750 | 449,0750 |
| 729 | 444,0875 | 449,0875 |
| 730 | 444,1000 | 449,1000 |
| 731 | 444,1125 | 449,1125 |
| 732 | 444,1250 | 449,1250 |
| 733 | 444,1375 | 449,1375 |
| 734 | 444,1500 | 449,1500 |
| 735 | 444,1625 | 449,1625 |
| 736 | 444,1750 | 449,1750 |
| 737 | 444,1875 | 449,1875 |
| 738 | 444,2000 | 449,2000 |
| 739 | 444,2125 | 449,2125 |
| 740 | 444,2250 | 449,2250 |
| 741 | 444,2375 | 449,2375 |
| 742 | 444,2500 | 449,2500 |
| 743 | 444,2625 | 449,2625 |
| 744 | 444,2750 | 449,2750 |
| 745 | 444,2875 | 449,2875 |
| 746 | 444,3000 | 449,3000 |
| 747 | 444,3125 | 449,3125 |
| 748 | 444,3250 | 449,3250 |
| 749 | 444,3375 | 449,3375 |
| 750 | 444,3500 | 449,3500 |
| 751 | 444,3625 | 449,3625 |
| 752 | 444,3750 | 449,3750 |
| 753 | 444,3875 | 449,3875 |

| | | |
|---|---|---|
| 754 | 444,4000 | 449,4000 |
| 755 | 444,4125 | 449,4125 |
| 756 | 444,4250 | 449,4250 |
| 757 | 444,4375 | 449,4375 |
| 758 | 444,4500 | 449,4500 |
| 759 | 444,4625 | 449,4625 |
| 760 | 444,4750 | 449,4750 |
| 761 | 444,4875 | 449,4875 |
| 762 | 444,5000 | 449,5000 |
| 763 | 444,5125 | 449,5125 |
| 764 | 444,5250 | 449,5250 |
| 765 | 444,5375 | 449,5375 |
| 766 | 444,5500 | 449,5500 |
| 767 | 444,5625 | 449,5625 |
| 768 | 444,5750 | 449,5750 |
| 769 | 444,5875 | 449,5875 |
| 770 | 444,6000 | 449,6000 |
| 771 | 444,6125 | 449,6125 |
| 772 | 444,6250 | 449,6250 |
| 773 | 444,6375 | 449,6375 |
| 774 | 444,6500 | 449,6500 |
| 775 | 444,6625 | 449,6625 |
| 776 | 444,6750 | 449,6750 |
| 777 | 444,6875 | 449,6875 |
| 778 | 444,7000 | 449,7000 |
| 779 | 444,7125 | 449,7125 |
| 780 | 444,7250 | 449,7250 |
| 781 | 444,7375 | 449,7375 |
| 782 | 444,7500 | 449,7500 |
| 783 | 444,7625 | 449,7625 |
| 784 | 444,7750 | 449,7750 |
| 785 | 444,7875 | 449,7875 |
| 786 | 444,8000 | 449,8000 |
| 787 | 444,8125 | 449,8125 |
| 788 | 444,8250 | 449,8250 |
| 789 | 444,8375 | 449,8375 |

| | | |
|---|---|---|
| 790 | 444,8500 | 449,8500 |
| 791 | 444,8625 | 449,8625 |
| 792 | 444,8750 | 449,8750 |
| 793 | 444,8875 | 449,8875 |
| 794 | 444,9000 | 449,9000 |
| 795 | 444,9125 | 449,9125 |
| 796 | 444,9250 | 449,9250 |
| 797 | 444,9375 | 449,9375 |
| 798 | 444,9500 | 449,9500 |
| 799 | 444,9625 | 449,9625 |

*Ohne Funkausrüstung wäre der Einsatz der Boote der Wasserschutzpolizei Hamburg unvorstellbar. (Foto: Bosch)*

# Seefunkdienst

Als beweglichen Seefunkdienst bezeichnet man den Funkdienst zwischen ortsfesten Küstenfunkstellen und beweglichen Seefunkstellen (Schiffen) oder zwischen beweglichen Seefunkstellen untereinander.

Der Seefunkdienst wurde geschaffen, um die Sicherheit des menschlichen Lebens auf See zu erhöhen. Im Notfall kann durch geeignete Funkverbindungen schnell Hilfe herbeigeholt werden. Der Seefunkdienst hat aber heute weitere zusätzliche Aufgaben im Bereich der Schiffsverkehrslenkung und in der Übermittlung privater und schiffsdienstlicher Mitteilungen.

Außer dem eigentlichen Seefunkdienst unterscheidet man folgende untergeordnete Funkdienste:

## Revier- und Hafenfunkdienst

Der Revier- und Hafenfunkdienst dient zur Regelung des Schiffverkehrs, insbesondere in dichtbefahrenen Schiffahrtswegen, in Küstennähe (Revieren) und in Häfen oder Hafenzufahrten oder Schleusen. Er wird zwischen Revier- und Hafenfunkstellen und Schiffen oder zwischen Schiffen untereinander betrieben und dient ausschließlich der Übermittlung von Nachrichten, die das Führen, die Fahrt oder die Sicherheit von Schiffen betreffen. Öffentlicher Fernsprechverkehr ist nicht zugelassen.

## Schiffslenkungsfunkdienst

Der Schiffslenkungsfunkdienst dient ausschließlich der Sicherheit des Schiffsverkehrs und der Lenkung der Schiffahrt, z.B. per Radar. Öffentlicher Fernsprechverkehr ist auch hier nicht zugelassen.

## Ortungsfunkdienst

Der Ortungsfunkdienst dient ausschließlich der Funkortung, d.h. der Standortbestimmung von Schiffen.

*Leicht zu bedienende Sprechfunkanlagen sind für den Schiffverkehr auf unseren dichtbefahrenen Wasserstraßen unverzichtbar. (Foto: Göteborg Radio/SAG)*

## Öffentlicher und nichtöffentlicher Seefunkverkehr

Über Küstenfunkstellen wird öffentlicher wie auch nichtöffentlicher Seefunkverkehr abgewickelt. So kann man beispielsweise im Rahmen des öffentlichen Seefunkverkehrs über Telefon eine Fernsprechverbindung zu einem Schiff herstellen und so mit einem Passagier oder Besatzungsmitglied ein Telefonat führen.

Zum nichtöffentlichen Seefunk zählt dagegen der schiffsbetriebliche und amtliche Funkverkehr (z.B. Hafenfunk).

## Seefunk-Wellenbereiche

Wegen der internationalen Sicherheitsbestimmungen muß jedes Schiff über eine Funkanlage verfügen, die eine Mindestreichweite von 150 Seemeilen hat. Daher sind viele Schiffe mindestens mit einer Mittelwellen- bzw. Grenzwellenfunkanlage ausgerüstet, weil in diesem Wellenbereich (1605 bis 3800 kHz) die Mindestreichweite am besten eingehalten werden kann.

Für Weitverbindungen über viele Hundert oder Tausend Kilometer eignet sich die Kurzwelle. Hier sind dem Seefunk Frequenzbereiche bei 4, 6, 8, 12, 16, 22 und 25 MHz zugewiesen. So kann beispielsweise die deutsche Küstenfunkstelle Norddeich Radio Funkkontakt mit Schiffen auf allen Weltmeeren herstellen.

Im UKW-Bereich beträgt die durchschnittliche Reichweite wegen des quasi-optischen Verhaltens der ultrakurzen Wellen etwa 25 bis 30 Seemeilen (etwa 50 km). Die Mindestreichweite wird also lange nicht erreicht, doch kann man den UKW-Sprechfunk im Küstenbereich hervorragend zur Entlastung der Grenzwelle und besonders zum Funksprechverkehr mit Hafenbehörden, Lotsendiensten und anderen Funkstellen im Schiffsverkehr einsetzen.

Dem Seefunk wurde daher ein Teilbereich im 2-m-UKW-Sprechfunkband zugewiesen. Dieser Bereich wird in 55 Kanäle mit jeweils 25 kHz Kanalabstand unterteilt. Man arbeitet hier mit Frequenzmodulation (FM). Die Kanaleinteilung und Frequenzzuweisung für den Seefunk auf UKW entnehmen Sie bitte der folgenden Tabelle.

# Kanaltabelle UKW-Seefunk

| Kanal-Nr. | Sendefrequenzen in MHz SeeFuSt | KüFuSt |
|---|---|---|
| 1 | 156,050 | 160,650 |
| 2 | 156,100 | 160,700 |
| 3 | 156,150 | 160,750 |
| 4 | 156,200 | 160,800 |
| 5 | 156,250 | 160,850 |
| 6 | 156,300 | |
| 7 | 156,350 | 160,950 |
| 8 | 156,400 | |
| 9 | 156,450 | 156,450 |
| 10 | 156,500 | 156,500 |
| 11 | 156,550 | 156,550 |
| 12 | 156,600 | 156,600 |
| 13 | 156,650 | 156,650 |
| 14 | 156,700 | 156,700 |
| 15 | 156,750 | 156,750 |
| 16 | 156,800 | 156,800 |
| 17 | 156,850 | 156,850 |
| 18 | 156,900 | 161,500 |
| 19 | 156,950 | 161,550 |
| 20 | 157,000 | 161,600 |
| 21 | 157,050 | 161,650 |
| 22 | 157,100 | 161,700 |
| 23 | 157,150 | 161,750 |
| 24 | 157,200 | 161,800 |
| 25 | 157,250 | 161,850 |
| 26 | 157,300 | 161,900 |
| 27 | 157,350 | 161,950 |
| 28 | 157,400 | 162,000 |

| Kanal-<br>Nr. | Sendefrequenzen in MHz<br>SeeFuSt | <br>KüFuSt |
|---|---|---|
| 60 | 156,025 | 160,625 |
| 61 | 156,075 | 160,675 |
| 62 | 156,125 | 160,725 |
| 63 | 156,175 | 160,775 |
| 64 | 156,225 | 160,825 |
| 65 | 156,275 | 160,875 |
| 66 | 156,325 | 160,925 |
| 67 | 156,375 | 156,375 |
| 68 | 156,425 | 156,425 |
| 69 | 156,475 | 156,475 |
| 70 | 156,525 | |
| 71 | 156,575 | 156,575 |
| 72 | 156,625 | |
| 73 | 156,675 | 156,675 |
| 74 | 156,725 | 156,725 |
| 75 | Sperrbereich | |
| 76 | Sperrbereich | |
| 77 | 156,875 | |
| 78 | 156,925 | 161,525 |
| 79 | 156,975 | 161,575 |
| 80 | 157,025 | 161,625 |
| 81 | 157,075 | 161,675 |
| 82 | 157,125 | 161,725 |
| 83 | 157,175 | 161,775 |
| 84 | 157,225 | 161,825 |
| 85 | 157,275 | 161,875 |
| 86 | 157,325 | 161,925 |
| 87 | 157,375 | 161,975 |
| 88 | 157,425 | 162,025 |

**Besondere Kanalzuweisungen im UKW-Seefunk**

| Kanal-Nr. | Hinweise |
|---|---|
| 16 | Anruffrequenzen und Not- und Sicherheitsfrequenz |
| 28 | Anruffrequenz, wenn Kanal 16 belegt ist |
| 06 | Internationale Schiff-Schiff-Frequenz, bei koordinierten Such- und Rettungsfällen vorzugsweise für Verbindungen mit Luftfahrzeugen, z.B. SAR-Hubschrauber, in der Eisperiode vorzugsweise für Verbindungen mit Eisbrechern und Hubschraubern |
| 08 | Schiff-Schiff-Frequenz für Fracht- und Fahrgastschiffe |
| 09 | Schiff-Schiff-Frequenz für Boote der Wasserschutzpolizei und Lotsendienste |
| 13 | Schiff-Schiff-Frequenz für Behördenfahrzeuge |
| 70 | Schiff-Schiff-Frequenz für Lotsen |
| 10/77 | Schiff-Schiff-Frequenz für Fischereifahrzeuge |
| 67/73 | Schiff-Schiff-Frequenz für Bagger im Einsatz und den mit ihnen arbeitenden Schleppern und Schuten |
| 72/69 | Schiff-Schiff-Frequenz für Sportboote und Yachten |
| 09/70/72 | Luftfunkstellen bei maritimen Unterstützungseinsätzen (Ausnahme) |
| 10/67/73 | Luftfunkstellen bei Such- und Rettungseinsätzen (Ausnahme) |

## Betriebsarten

Auf bestimmten Kanälen wird Simplex-Sprechfunk (Wechselsprechen) betrieben, d.h. beide Funkstellen senden und empfangen auf derselben Frequenz abwechselnd, während bei anderen Sprechwegen mit Duplex-Sprechfunk (Gegensprechen) jeweils auf zwei Frequenzen gearbeitet wird. Modulationsart ist FM-schmal.

## Rufzeichen

Die Rufzeichen im Seefunkdienst werden aus der internationalen Rufzeichenreihe gebildet. Ein Rufzeichen für eine Küstenfunkstelle setzt sich zusammen aus zwei Zeichen und einem Buchstaben, eventuell schließen sich maximal drei Ziffern an. Seefunkstellen haben ein Rufzeichen aus zwei Zeichen und zwei Buchstaben, gefolgt von maximal einer Ziffer. Sprech-Seefunkstellen haben ein Rufzeichen aus zwei oder drei Zeichen/Buchstaben, gefolgt von vier Ziffern.

Im Sprech-Seefunk kennzeichnen sich die Küstenfunkstellen in der Regel mit dem geografischen Ortsnamen, dem das Wort „Radio" folgt, z.B. „Kiel Radio". Im Revier- und Hafenfunkdienst werden folgende Zusatzbezeichnungen angewandt:

| | |
|---|---|
| Port Radio: | Hafenabfertigung (ohne Verkehrslenkung im Revier) |
| Pilot Radio: | Anforderung und Einsatz von Lotsen |
| Radar Radio: | Landradarberatung und Radar-Schiffslenkung |
| Traffic Radio: | Schiffsverkehrslenkung auf Schiffahrtswegen (Revieren), z.B. in der Deutschen Bucht |
| Canal Radio: | Verkehrsregelung im Bereich von Kanälen, z.B. im Nord-Ostsee-Kanal einschl. Schleusen |
| Lock Radio: | Verkehrsregelung an Schleusen |
| Bridge Radio: | Verkehrsregelung an Brücken |
| Naval Radio: | Funkstelle der Marine |

Im Sprech-Seefunk nennen die Seefunkstellen ihren amtlichen Namen und/oder ihr Rufzeichen, z.B. „Seemöwe" oder „Seemöwe Delta Alfa Kilo Tango" (Schiffsname: Seemöwe, Rufzeichen DAKT). Bei Rufzeichen mit angeschlossenen Ziffern kann es beispielsweise heißen: „Pauline Delta Alfa zwo null drei drei" (Schiffsname: Pauline, Rufzeichen: DA 2033).

## Küstenfunkstellen der TELEKOM

Für den Seefunkdienst in der Bundesrepublik Deutschland ist die Deutsche Bundespost TELEKOM zuständig. Sie unterhält dazu vier betriebsführende Küstenfunkstellen mit untergeordneten, fernbedienten Küstenfunkstellen:

**Norddeich Radio (DAN):** Als größte Küstenfunkstelle ist Norddeich Radio für den Telegrafie- und Sprechfunk-Weitverkehr auf Kurzwelle mit Schiffen auf allen Weltmeeren zuständig, aber auch auf Mittelwelle, Grenzwelle und UKW für den Kontakt mit Schiffen im Bereich der Nordsee.

**Elbe-Weser-Radio (DAC):** Die bei Cuxhaven gelegene Zentrale von Elbe-Weser-Radio mit den fernbedienten Funkstellen Bremen Radio, Hamburg Radio, Helgoland Radio, Eiderstedt Radio und Nordfriesland Radio arbeitet ausschließlich mit UKW-Sprechfunk und ist zuständig für die Deutsche Bucht, das nordfriesische Wattenmeer, die Elbe einschließlich Hamburger Hafen und die Weser einschließlich Bremen.

**Kiel Radio (DAO):** Die Küstenfunkstelle Kiel Radio mit den fernbedienten Funkstellen Lübeck Radio und Flensburg Radio ist zuständig für den Telegrafie- und Sprech-Funkverkehr auf Mittelwelle, Grenzwelle und UKW im Bereich der westlichen Ostsee und im Nord-Ostsee-Kanal.

**Rügen Radio (DHS):** Die Küstenfunkstelle Rügen Radio mit den fernbedienten Funkstellen Rostock Radio, Fischland Radio und Arkona Radio ist zuständig für den Telegrafie- und Sprech-Funkverkehr auf Mittelwelle, Grenzwelle und UKW im Bereich der ostdeutschen Ostseeküste und der mittleren Ostsee. Außerdem werden auch noch Weitverbindungen über Kurzwelle abgewickelt.

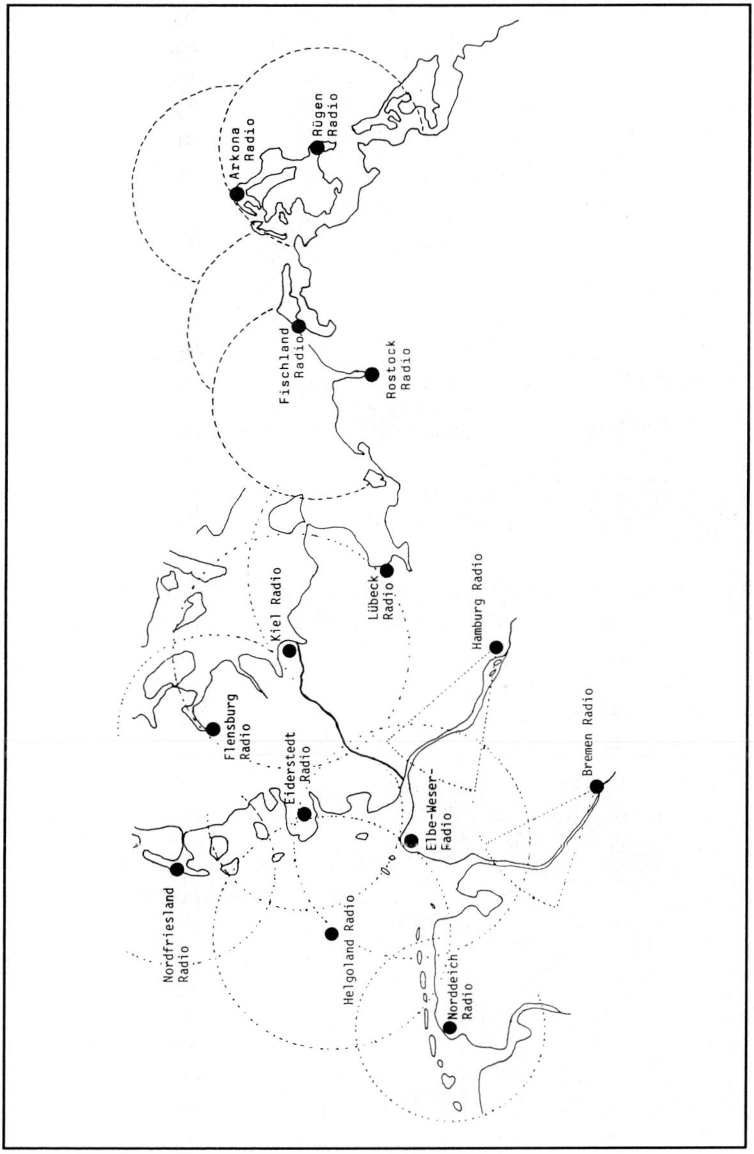

Arkona Radio
Rügen Radio
Fischland Radio
Rostock Radio
Kiel Radio
Lübeck Radio
Hamburg Radio
Flensburg Radio
Eiderstedt Radio
Elbe-Weser-Radio
Bremen Radio
Nordfriesland Radio
Helgoland Radio
Norddeich Radio

**Verzeichnis deutscher Küstenfunkstellen mit Angabe der Ruf- und Arbeitskanäle im UKW-Bereich**

A) Öffentlicher Verkehr

| Küstenfunkstelle | UKW-Kanäle |
|---|---|
| (Anrufe jeweils auch auf Kanal 16) | |
| **Norddeich Radio** | 28, 61, 86 |
| **Elbe-Weser Radio** | 01, 24, 26 |
| **Elbe-Weser Radio für Nord-Ostsee-Kanal** | 23*, 28*, 62* |
| Helgoland Radio | 03, 27, 88 |
| Bremen Radio | 25, 28 |
| Nordfriesland Radio | 05, 26 |
| Eiderstedt Radio | 25, 64 |
| Hamburg Radio | 25, 27, 82, 83 |
| **Kiel Radio** | 23, 26, 87 |
| **Kiel Radio für Nord-Ostsee-Kanal** | 24*, 78* |
| Flensburg Radio | 25, 27, 64 |
| Lübeck Radio | 24, 27, 82, 83 |
| **Rügen Radio** | 05, 66 |
| Rostock Radio | 21, 26, 80 |
| Fischland Radio | 23, 87 |
| Arkona Radio | 01, 62 |

## Verzeichnis deutscher Küstenfunkstellen mit Angabe der Ruf- und Arbeitskanäle im UKW-Bereich

B) Revier- und Hafenfunkdienst

| Küstenfunkstelle | UKW-Kanäle |
|---|---|
| (Anrufe jeweils auch auf Kanal 16) | |
| **Ems** | |
| Knock Radar mit | |
| – Borkum Radar | 18 |
| – Wybelsum Radar | 21 |
| – Knock Radar | 20 |
| Ems Revier | 18, 20, 21, 15 |
| Emden Lock | 13 |
| Nesserland Lock | 13 |
| Emden Pilot | 12 |
| Leer Lock | 13 |
| Papenburg Lock | 13 |
| **Jade und Weser** | |
| Jade Radar | 20 |
| Jade Revier | 20 |
| Wilhelmshaven Port | 11 |
| Wilhelmshaven Lock | 13 |
| Bremerhaven Radar mit | |
| – Alte Weser Radar | 22 |
| – Hoheweg Radar | 02 |
| – Robbenplate Radar | 04 |
| – Blexen Radar | 07 |
| – Luneplate Radar | 05 |
| Dedesdorf Radar | 82 |

| | |
|---|---|
| – Sandstedt Radar | 21 |
| – Harriersand Radar | 21 |
| Bremerhaven Port | 12 |
| Bremerhaven Weser Port | 14 |
| Bremerhaven Weser Revier | 02, 04, 07, 16 |
| Brake Lock | 10 |
| Bremen Hunte Revier | 17 |
| Hunte Bridge | 10 |
| Elsfleth Bridge | 10 |
| Oslebshausen Lock | 12 |
| Bremen Port | 03, 14 |
| Bremen Radar | 12 |
| Bremen Weser Revier | 19 |
| | |
| **Westküste Schleswig Holstein** | |
| Eider Lock | 14 |
| Husum Port | 11 |
| Büsum Port | 11 |
| Helgoland Pilot | 13 |
| Helgoland Port | 67 |
| Deutsche Bucht Revier | 80 |
| | |
| **Nord-Ostsee-Kanal** | |
| Kanal Pilot | 09, 13 |
| Kiel Kanal I | 09, 13 |
| Ostermoor Port | 73 |
| Kiel Kanal II | 02 |
| Breiholz Pilot | 73 |
| Kiel Kanal III | 03 |
| Kiel Kanal IV | 12 |
| Holtenau Pilot | 12 |
| | |
| **Elbe** | |
| Cuxhaven Radar mit | |
| – Cuxhaven Radar | 19 |
| – Neuwerk Radar I | 18 |

| | |
|---|---|
| – Neuwerk Radar II | 05 |
| – Cuxhaven Radar I | 21, 22 |
| – Cuxhaven Radar II | 21 |
| – Belum Radar | 03 |
| Cuxhaven Elbe Port | 12, 14 |
| Cuxhaven Lock | 69 |
| Brunsbüttel Pilot | 09, 13 |
| Brunsbüttel Elbe Port | 14, 11 |
| Brunsbüttel Radar mit | |
| – Brunsbüttel Radar | 04 |
| – Freiburg Radar I | 18 |
| – Freiburg Radar II | 22 |
| – Steindeich Radar | 05 |
| – Hetlingen Radar | 21 |
| Stör Lock | 09 |
| Stadersand Elbe Port | 11, 12 |
| Este Lock | 10 |
| Hamburg Port | 14, 73 |
| Hamburg Elbe Port | 12, 14 |
| Elbe Pilot | 67 |
| Hamburg Pilot | 09 |
| Hamburg Radar | 03, 05, 07, 19, 63, 80 |
| Rethe Revier | 13 |
| Tiefstack Lock | 11 |
| Süderelbe Revier | 13 |
| Harburg Lock | 13 |
| **Ostsee** | |
| Kiel Pilot | 14 |
| Kiel Port | 11 |
| Kiel Revier | 22 |
| Puttgarden Port | 11 |
| Trave Pilot | 13 |
| Trave Revier | 20 |
| Travemünde Port | 19 |

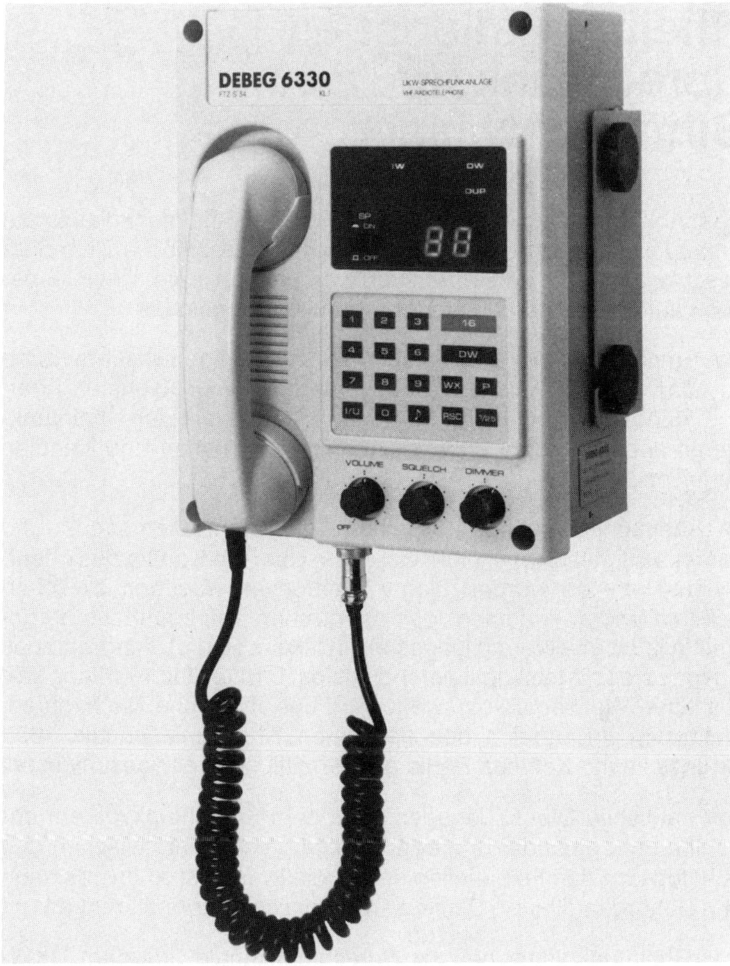


*UKW-Sprechfunkanlage DEBEG 6330/6430 für den Sprechfunkverkehr auf 55 internationalen Seefunkkanälen sowie zusätzlich auf 48 US-Sprechfunkkanälen, 10 Privatkanälen und 9 US-Wetter-Kanälen. Sendeleistung: 1 oder 25 Watt. Dieses moderne DEBEG-Gerät ist geeignet für den Einsatz in der gesamten Berufs- und Sportschiffahrt. (Foto: DEBEG)*

# Rheinfunkdienst – Sprechfunk für Binnengewässer

Das Abkommen über den internationalen Rheinfunkdienst auf Ultrakurzwelle wurde von verschiedenen europäischen Ländern geschlossen, um den Sprechfunkverkehr auf dem Rhein, aber auch auf anderen Binnenwasserstraßen zu regeln.

Bei Errichtung von Funknetzen für andere Binnenwasserstraßen soll das Verfahren des internationalen Rheinfunkdienstes übernommen werden. So wird in der Bundesrepublik der Rheinfunkdienst auch auf allen anderen schiffbaren Flüssen und Kanälen angewandt.

Im Rheinfunkdienst wird zwischen dem öffentlichen Dienst und dem nautischen Dienst unterschieden. Über die Kanäle des öffentlichen Dienstes wurden bisher Telefonverbindungen zwischen Schiffen und Teilnehmern des öffentlichen Telefonnetzes hergestellt (via Überleitvermittlungsstelle Koblenz Radio). Aufgrund des Ausbaus des Mobilfunktelefondienstes D1/D2 auch entlang der wichtigen Wasserverkehrswege wird der öffentliche Nachrichtenaustausch im Bereich des deutschen Rheinfunkdienstes 1994 eingestellt und Koblenz Radio als Vermittlungsstelle geschlossen.

Der nautische Dienst dagegen dient dem Sprechfunkverkehr der Schiffe untereinander und dem Sprechfunkverkehr zwischen den Schiffen und den Funkstellen der für die Wasserstraßen zuständigen Behörden (Hafen, Schleusen, Nautische Information u.a.).

Der Rheinfunkdienst benutzt Sprechfunkkanäle aus dem UKW-Seefunk-Bereich (siehe Kanaltabelle UKW-Seefunk auf Seite 92). Die nachfolgende Tabelle zeigt die Zuordnung der Kanäle zu den Verwendungszwecken im Rheinfunkdienst.

## Kanalzuweisung im Rheinfunkdienst / Sprechfunk für Binnengewässer

| Funkverkehr | Kanal-Nr. |
|---|---|
| Schiff – Schiff | 10 / 13 / 73 / 77 |
| Schiff – Hafenbehörde | 11 / 12 / **13** / 14 |
| Nautischer Informationsdienst und Schleusen | **18** / 20 / **22** / 78<br>79 / 80 / 81 / 82 |
| Öffentlicher Nachrichtenaustausch (wird eingestellt) | 7 / 23 / 24 / 25<br>26 / 27 / 28 / 78<br>81 / 82 / 83 / 84<br>85 / 86 / 87 / 88 |
| Selektivruf | 16 |
| Funkverkehr an Bord | 15 / 17 |

**Ergänzender Hinweis:**

Auf dem Bodensee und dem Ammersee wird davon abweichend einheitlich der Kanal 77 von Hafenbehörde und Wasserschutzpolizei benutzt.

# Flugfunkdienst

Der Bewegliche Flugfunkdienst in Deutschland ist ein Funkdienst zwischen Bodenfunkstellen der Deutschen Flugsicherungs AG (DFS) und Luftfunkstellen oder zwischen Luftfunkstellen untereinander, oder zwischen Flugleitern an Landeplätzen und Luftfunkstellen.

Der Funkverkehr wird als Sprechfunkverkehr im Wechselsprechverfahren (simplex) durchgeführt, d.h. Luftfahrzeug und Bodenfunkstelle arbeiten und antworten einander auf derselben Frequenz.

## Frequenzbereiche

Der Hauptfrequenzbereich für den UKW-Flugfunk ist weltweit der VHF-Bereich von 117,975 bis 136 MHz. Im dichtbesiedelten Europa ist die Überdeckung auf UKW ausreichend, so daß der Kurzwellen-Flugfunk kaum eine Bedeutung hat.

In einigen Ländern, darunter die Bundesrepublik Deutschland, werden auch die UHF-Bereiche von 230 bis 328,6 MHz und von 335,4 bis 399,9 MHz in verstärktem Maße genutzt, sowohl intensiv für militärische Zwecke, als auch für den zivilen Verkehr.

Der VHF-Bereich von 137 bis 144 MHz steht dem Beweglichen Flugfunkdienst (OR) zur Verfügung, d.h. die Frequenzen dieses Bereichs sind dem Verkehr zwischen Luftfunkstellen und denjenigen Bodenfunkstellen vorbehalten, die nicht zu denen zählen, die vor allem die Flüge auf den nationalen und internationalen Flugstrecken (Luftstraßen) der Zivilluftfahrt betreuen. Die verwendete Modulationsart auf diesen Funkbereichen ist Amplitudenmodulation (AM-A3E).

Der untere VHF-Bereich des Beweglichen Funkdienstes von 29,7 bis 74,8 MHz wird neben anderen Benutzern (Beweglicher Landfunkdienst) nur in Deutschland von Heeresflugplätzen der NATO-Streitkräfte benutzt. Modulationsart ist hier Frequenzmodulation (FM-F3E).

## Verkehrsabwicklung

Im Beweglichen Flugfunkdienst sind folgende Meldungen zulässig: Luftnotmeldungen (MAYDAY), Dringlichkeitsmeldungen (PAN), Polizeifunkmeldungen, Flugsicherheitsmeldungen, Wettermeldungen, Flugbetriebsmeldungen, Staatstelegramme. Die im praktischsten Verkehr häufigsten Meldungen sind die Flugsicherheitsmeldungen. Darunter versteht man Meldungen, die bei der Durchführung des Flugverkehrskontrolldienstes übermittelt werden (Flugverkehrskontrollmeldungen), sowie Standortmeldungen von Luftfahrzeugen.

In Deutschland wird der Sprechfunkverkehr mit Flugverkehrskontrollstellen in englischer Sprache durchgeführt. Bei Flügen nach Sichtflugregeln (VFR) und im Rollverkehr kann der Sprechfunkverkehr auch in deutscher Sprache erfolgen. Der Sprechfunkverkehr mit anderen Bodenfunkstellen (an Landeplätzen ohne Flugverkehrskontrolle) wird in deutscher Sprache abgewickelt.

Es ist also zu unterscheiden zwischen Fluhäfen mit An/Abflug-Kontrollstellen (TWR/APPROACH/RADAR) und Landeplätzen ohne Flugverkehrskontrolle (INFO).

Flüge entlang der Luftstraßen im oberen und im unteren kontrollierten Luftraum unterliegen sämtlich der Flugverkehrskontrolle, die von der jeweils räumlich zuständigen Bezirkskontrollstelle (ACC/UAC) ausgeübt wird.

Flüge nach Sichtflugregeln (VFR) im unteren Luftraum unter FL100 außerhalb der räumlich eng begrenzten Flughafenkontrollzonen und CVFR-Gebiete unterliegen keiner Flugverkehrskontrolle.

Im Sprechfunkverkehr hat eine Luftfunkstelle den Empfang einer Meldung durch die Übermittlung des eigenen Rufzeichens zu bestätigen. Den Empfang von Flugverkehrsfreigaben und Anweisungen von Flugverkehrskontrollstellen, die Auswirkung auf die Bewegung des Luftfahrzeugs haben, einschließlich Anweisungen zur Schaltung von Sekundärradarcodes sowie von Angaben für die vorzunehmende Höhenmessereinstellung hat die Luftfunkstelle dadurch zu bestätigen, daß sie die entsprechende Meldung wörtlich wiederholt. Den Empfang von anderen Anweisungen kann die

Luftfunkstelle mit der Verfahrenssprechgruppe WIRD AUSGEFÜHRT / WILCO bestätigen.

Eine Bodenfunkstelle bestätigt den Empfang einer Meldung einer Luftfunkstelle durch die Übermittlung des eigenen Rufzeichens oder durch die Übermittlung des Rufzeichens der Luftfunkstelle und der Verfahrenssprechgruppe VERSTANDEN / ROGER.

## Rufzeichen

Das Rufzeichen einer Bodenfunkstelle setzt sich zusammen aus der Ortsbezeichnung oder dem Namen der Bodenfunkstelle und einem der nachfolgend aufgeführten Kennwörter:

| | |
|---|---|
| CONTROL | für Bezirkskontrolldienst (ACC/UAC) ohne Radar |
| APPROACH | für Anflugkontrolldienst ohne Radar |
| RADAR | für Flugverkehrskontrolldienst mittels Rundsichtradar |
| DIRECTOR | für Anflugkontrolldienst für den Anflug mittels RSR |
| PRECISION | für Anflugkontrolldienst für den Endanflug mittels Präzisionsradar |
| TOWER/TURM | für Flugplatzkontrolldienst |
| CLEARANCE DELIVERY | für die Übermittlung von Streckenfreigaben |
| GROUND/ROLLKONTROLLE | für die Bodenkontrolle |
| INFORMATION | für Fluginformationsdienst (FIC) der DFS |
| VOLMET | für Flugrundfunkdienst für Flughafen-Wettermeldungen und Landewettervorhersagen |
| RAMP | für Bewegungslenkung auf dem Vorfeld durch den Flughafenunternehmer |

| | |
|---|---|
| INFO | für den Flugplatzinformationsdienst an Landeplätzen ohne Flugplatzkontrolldienst durch Luftaufsichtspersonal oder Flugleiter |
| SEGELFLUG | für den Segelflugbetrieb |
| SCHULE | für die Ausbildung von Luftfahrern |

*Am Arbeitsplatz der Flugverkehrslotsen in der Anflugkontrolle (Radarkontrolle) des Flughafen Frankfurt/Main. (FAG-Foto: M. Skaryd)*

Als Rufzeichen einer Luftfunkstelle sind zulässig:

1. das Eintragungszeichen/Rufzeichen. Beispiel: DABCD Flugzeug, Drehflügler, Luftschiff, Motorsegler; D1234 Segelflugzeug; D-ANTON Bemannter Ballon.
2. die für das Luftverkehrsunternehmen festgelegte Sprechfunkabkürzung in Verbindung mit der Buchstabenzusammensetzung entsprechend Nr. 1. Beispiel: LUFTHANSA DABCD.
3. das Luftfahrzeugmuster in Verbindung mit der Buchstabenzusammensetzung entsprechend Nr. 1.
   Beispiel: CESSNA DABCD.
4. die für das Luftverkehrsunternehmen festgelegte Sprechfunkabkürzung in Verbindung mit der Flugnummer.
   Beispiel: LUFTHANSA 123.
5. ein aus höchstens 7 Zeichen bestehendes Funkrufzeichen für militärische Luftfahrzeuge. Beispiel: HAWK 22.

Abgekürzte Rufzeichen sind nach dem Zustandekommen der Sprechfunkverbindung mit der Bodenfunkstelle zugelassen. Hierbei finden folgende Abkürzungen Anwendung:

1. der erste und die beiden letzten Buchstaben/Ziffern wie zuvor unter Nr. 1 beschrieben. Beispiel: DCD; D34.
2. die für das Luftverkehrsunternehmen festgelegte Sprechfunkabkürzung in Verbindung mit den beiden letzten Buchstaben des Rufzeichens wie zuvor unter Nr. 2 beschrieben.
   Beispiel: LUFTHANSA CD.
3. Das Luftfahrzeugmuster in Verbindung mit den letzten beiden Buchstaben des Rufzeichens wie zuvor unter Nr. 3 beschrieben. Beispiel: CESSNA CD.

Deutsche Flugzeuge, Drehflügler, Luftschiffe, Motorsegler, Ultraleicht-Flugzeuge und Motordrachen führen als Staatszugehörigkeitszeichen den Buchstaben D am Anfang des Rufzeichens.

*Blick in das Cockpit einer Boeing 737. In der Mittelkonsole (rechts unten im Foto) gut zu erkennen sind die VHF-Sprechfunkgeräte. (Foto: Lufthansa)*

## VOLMET-Wetterfunksendungen

Auf den folgenden VOLMET-Frequenzen werden ständig nach einem festen Schema Wetterinformationen für Luftfahrzeuge im Fluge ausgestrahlt. Die Informationen enthalten das Wetter (mit TREND = Landewettervorhersage für die nächsten zwei Stunden) für die genannten Flughäfen.

| | |
|---|---|
| 126,200 MHz | **Amsterdam VOLMET**<br>Platzwetter für: Amsterdam, Rotterdam, Brüssel, Düsseldorf, Hamburg, Paris-De-Gaulle, Kopenhagen, London-Heathrow, London-Gatwich |
| 127,800 MHz | **Brüssel VOLMET**<br>Platzwetter für: Brüssel, Oostende, Antwerpen, Luxembourg, Amsterdam, Düsseldorf, Köln-Bonn, Frankfurt, Paris-Orly, Paris-Le-Bourget, Paris-Charles-De-Gaulle |
| 125,150 MHz | **Paris VOLMET**<br>Platzwetter für: Paris-De-Gaulle, Paris-Orly, Lyon, Genf, Zürich, London-Heathrow, London-Gatwich, Brüssel, Amsterdam |
| 127,400 MHz | **Bremen VOLMET**<br>Platzwetter für: Hannover, Hamburg, Bremen, Köln-Bonn, Frankfurt, Berlin-Tempelhof, Berlin-Tegel, Amsterdam, Copenhagen |
| 127,600 MHz | **Frankfurt VOLMET 1**<br>Platzwetter für: Frankfurt, Brüssel, Amsterdam, Zürich, Genf, Basel, Wien, Prag, Paris-De-Gaulle |

| | |
|---|---|
| 135,775 MHz | **Frankfurt VOLMET 2**<br>Platzwetter für: Frankfurt, Köln-Bonn, Düsseldorf, Stuttgart, Nürnberg, München, Hamburg, Berlin-Tegel, Berlin-Tempelhof |
| 128,400 MHz | **Berlin-Schönefeld VOLMET**<br>Platzwetter für: Berlin-Schönefeld, Dresden, Leipzig, Prag, Bratislava, Warschau, Copenhagen |
| 128,600 MHz | **Prag VOLMET**<br>Platzwetter für: Prag, Bratislava, Zürich, München, Frankfurt, Berlin-Schönefeld, Warschau, Budapest |
| 126,000 MHz | **Wien VOLMET**<br>Platzwetter für: Wien, Linz, Salzburg, Graz, Bratislava, Budapest, Zagreb, München |
| 130,475 MHz | **Innsbruck/National VOLMET**<br>Platzwetter für: Innsbruck, Salzburg, München, Friedrichshafen, Zürich, Patscherkofel, Kufstein, St. Johann-Tirol, Zell/See, Schwaz, Gerlos, Hohenems, Bolzano |
| 126,800 MHz | **Geneva VOLMET**<br>Platzwetter für: Genf, Zürich, Basel, Nizza, Lyon, Paris-Charles-de-Gaulle, Paris-Orly, Mailand |
| 127,200 MHz | **Zürich VOLMET**<br>Zürich, Genf, Basel, Frankfurt, München, Stuttgart, Mailand, Lugano |

## Fluginformationsdienst (FIS)

Die Aufgaben des Fluginformationsdienstes bestehen hauptsächlich darin, den Führern von Luftfahrzeugen Informationen zu geben, die für sichere, geordnete und flüssige Durchführung von Flügen erforderlich sind. Der FIS hat keine Flugverkehrskontrollfunktion.

In Deutschland wird FIS im unteren Luftraum (unterhalb FL245) von den Flugsicherungs-Regionalstellen Bremen, Düsseldorf, Frankfurt und München in den gleichnamigen Fluginformationsgebieten (FIR) durchgeführt. An den Verkehrsflughäfen Bremen, Düsseldorf, Hamburg, Hannover, Köln-Bonn, Frankfurt, Nürnberg und Stuttgart wird FIS für den Luftraum der Nahverkehrsbereiche (ca. 30 Nautische Meilen um den Flughafen) von den FS-Regionalstellen bzw. den örtlichen Flugsicherungskontrollstellen als TERMINAL-FIS durchgeführt. In der Schweiz gibt es die beiden Fluginformationsgebiete Zürich und Geneve; Österreich wird vom Fluginformationsgebiet Wien überdeckt. Die Aufgaben des Fluginformationsdienstes unterteilen sich wie folgt:

Verbreitung allgemeiner Informationen als Flugrundfunksendungen: Bedeutsame Wettererscheinungen (SIGMET) (Einzelheiten folgen), Luftnotfälle, Beschränkungen für den Luftverkehr und ähnliche Informationen, ATIS, VOLMET (siehe separates Kapitel).

Erteilung gezielter Informationen auf Einzelanfragen der Luftfahrzeugführer: Besondere Nutzung des Luftraums (Veranstaltungen, militärische Übungen etc.), Einschränkung in der Benutzbarkeit von Funknavigationsanlagen oder von Flugplätzen, Wettermeldungen.

Entgegennahme und Weiterleitung folgender Meldungen: Flugpläne, Startmeldungen, Landemeldungen; sonstige Pilotenmeldungen, die die Sicherheit der Luftfahrt betreffen; Weiterleitung von Pilotenmeldungen (PIREPs).

Außerdem Erteilung von Verkehrsinformationen, auch unter Einsatz von Radar.

## SIGMET-Meldungen

Informationen über **sig**nifikante **met**eorologische Erscheinungen (wie mehr als vereinzelt auftretende Gewitter, starke Böenlinien, starker Hagel, starke Vereisung etc.) werden in englischer Sprache zu festen Zeiten auf folgenden FIS-Frequenzen ausgestrahlt:

| | | | |
|---|---|---|---|
| Bremen INFORMATION: (h+00, h+20, h+50) | 119,825<br>135,700 | 123,200 | 133,550 MHz |
| Düsseldorf INFORMATION: (h+10, h+30, h+50) | | 135,350 | 257,250 MHz |
| Frankfurt INFORMATION: (h+05, h+25, h+45) | 124,475<br>230,300 | 124,725 | 130,975 MHz |
| München INFORMATION: (h+00, h+20, h+40) | 123,775<br>241,950 | 126,950 | 127,375 MHz |
| Berlin-Schönefeld INFORMATION | | 126,825<br>128,075 | 127,925 MHz |
| Nürnberg INFORMATION | | 135,725 | 277,600 MHz |

(h+.. = stündlich um .. Minuten nach der vollen Stunde h).

# Flugfunk im VHF/UHF-Bereich

Die folgende Frequenzliste enthält alle Bodenfunkstellen ziviler und militärischer Flughäfen, Bezirkskontrollstellen (ACC/UAC) und Landeplätze in der Bundesrepublik Deutschland (D).

Ein Verzeichnis der verwendeten Abkürzungen finden Sie am Ende dieser Tabelle.

| Frequenz | Standort | Dienst | Rufname | Bemerkungen |
|---|---|---|---|---|
| **30.000 - 75.000 MHz Beweglicher Flugfunkdienst - Militär** | | | | |
| 30.100 | Giebelstadt | TWR | Tower | USAR |
| 30.600 | Augsburg | TWR | Gablingen Ops | USAR |
| 30.600 | Coleman | TWR | Dispatcher | USAR |
| 30.600 | Landstuhl | ADV | Advisory | USAR |
| 30.600 | Nellingen | TWR | Tower | USAR |
| 30.600 | Schwäbisch Gmünd | TWR | Tower | USAR |
| 30.600 | Schweinfurt | TWR | Tower | USAR |
| 30.750 | Augsburg Hospital | TWR | Dustoff Tower | USAR |
| 37.600 | Siegelsbach | TWR | Tower | USAR |
| 38.000 | Soest | TWR | Salamanca Info | BAR |
| 39.700 | Berchtesgaden/Strub | TWR | Jasper | USAR |
| 39.700 | Garmisch Sheridan Bks | TWR | Diplomat | USAR |
| 39.900 | Aachen-Merzbrück | TWR | Tower | GAR |
| 39.950 | Aschaffenburg | TWR | Spessart Base | USAR |
| 40.000 | Celle | TWR | Tower | GAR |
| 40.000 | Rotenburg/Wümme | TWR | Romeo Tower | GAR |
| 40.100 | Bad Aibling | TWR | Condor | USAR |
| 40.100 | Rester CC | CTR | Rester Center | USAR |
| 40.200 | Bad Kreuznach | TWR | Tower | USAR |
| 40.200 | Bad Tölz/Baker | TWR | Tower | USAR |
| 40.200 | Göppingen | ADV | Advisory | USAR |
| 40.200 | Hohenfels | TWR | Tower | USAR |
| 40.200 | Pirmasens | ADV | Advisory | USAR |
| 40.200 | Wertheim | TWR | Tower | USAR |
| 40.400 | Carlisle CC | RDO | Radio | USAR |
| 40.500 | Finthen | TWR | Tower | USAR |
| 40.500 | Wiesbaden | TWR | Emergency | USAR |
| 40.600 | Fritzlar | TWR | Tower | GAR |
| 40.600 | Mendig | TWR | Tower | GAR |
| 40.600 | Meppen | FIS | Information | GAR |
| 40.800 | Ansbach | TWR | Tower | USAR |
| 40.800 | Coleman | TWR | Tower | USAR |
| 40.800 | Finthen | TWR | Tower | USAR |
| 40.800 | Kitzingen Harvey | TWR | Tower | USAR |
| 42.400 | Bückeburg | TWR | Tower | GAR |
| 42.400 | Neuhausen/Eck | TWR | Hausen Tower | GAR |
| 42.400 | Rheine-Bentlage | TWR | Tower | GAR |
| 42.400 | Straubing | TWR | Tower | GAR |
| 44.300 | Grafenwöhr | OPS | Ops | USAR |
| 45.000 | Oberursel | TWR | Throttle | USAR |
| 45.100 | Werl | TWR | Tower | BAR |
| 47.300 | Lampertheim | CON | Coleman Range | USAR |
| 49.350 | Baumholder | CON | Control | USAR |
| 51.300 | Wildflecken | CON | Control | USAR |
| 53.600 | Erlangen/Ferris | TWR | Range Control | USAR |
| 55.400 | Altenstadt | TWR | Tower | USAR |
| 57.100 | Berlin-Tempelhof | OPS | Freedom City | USAR |
| 71.100 | Fulda | TWR | Tower | USAR |
| 72.100 | Hanau | TWR | Tower | USAR |

| | | | | |
|---|---|---|---|---|
| 30.750 | Bad Cannstatt Hospital | TWR | Tower | USAR |
| 30.750 | Darmstadt | TWR | Tower | USAR |
| 30.750 | Frankfurt Hospital | TWR | Tower | USAR |
| 30.750 | Heidelberg Hospital | TWR | Tower | USAR |
| 30.750 | Landstuhl | ADV | Advisory | USAR |
| 30.750 | Nellingen | TWR | Tower | USAR |
| 30.750 | Würzburg Hospital | TWR | Tower | USAR |
| 30.800 | Baumholder | CON | Control | USAR |
| 31.800 | Ansbach | TWR | Tower | USAR |
| 31.800 | Bad Kreuznach | TWR | Tower | USAR |
| 31.800 | Bad Tölz/Baker | TWR | Tower | USAR |
| 31.800 | Bonames Maurice Rose | TWR | Tower | USAR |
| 31.800 | Coleman | TWR | Tower | USAR |
| 31.800 | Feucht | TWR | Tower | USAR |
| 31.800 | Finthen | TWR | Ground | USAR |
| 31.800 | Fulda | TWR | Tower | USAR |
| 31.800 | Giebelstadt | TWR | Tower | USAR |
| 31.800 | Grafenwöhr | TWR | Tower | USAR |
| 31.800 | Hanau | TWR | Tower | USAR |
| 31.800 | Heidelberg | TWR | Tower | USAR |
| 31.800 | Hohenfels | TWR | Tower | USAR |
| 31.800 | Illesheim Storck Bks | TWR | Tower | USAR |
| 31.800 | Kitzingen Harvey Bks | TWR | Tower | USAR |
| 31.800 | Laupheim | TWR | Lima Tower | GAR |
| 31.800 | Schwäbisch Hall | TWR | Tower | USAR |
| 31.800 | Wertheim | TWR | Tower | USAR |
| 33.200 | Baumholder | ADV | Advisory | USAR |
| 33.200 | Bonames Maurice Rose | TWR | Tower | USAR |
| 33.200 | Illesheim Storck Bks | TWR | Tower | USAR |
| 33.600 | Feucht | TWR | Tower | USAR |
| 33.600 | Heidelberg | TWR | Tower | USAR |
| 33.700 | Aschaffenburg | TWR | Tower | USAR |
| 33.700 | Babenhausen | TWR | Tower | USAR |
| 33.700 | Bad Hersfeld | TWR | Tower | USAR |
| 33.700 | Darmstadt | TWR | Tower | USAR |
| 33.700 | Giebelstadt | PTD | | USAR |
| 33.700 | Gießen | TWR | Tower | USAR |
| 33.700 | Wiesbaden | TWR | Tower | USAR |
| 33.800 | Schwäbisch Hall | OPS | Base Ops | USAR |
| 34.500 | Heilbronn | TWR | Cyclone 29 | USAR |
| 37.400 | Bad Kissingen | TWR | Carlisle Radio | USAR |
| 37.400 | Bamberg | TWR | Tower | USAR |
| 37.400 | Büdingen | TWR | Tower | USAR |
| 37.400 | Fürth | TWR | Tower | USAR |
| 37.400 | Herzogenaurach | TWR | Tower | USAR |
| 37.400 | Karlsruhe | TWR | Tower | USAR |
| 37.600 | Grafenwöhr | TWR | Tower | USAR |
| 37.600 | Hanau | TWR | Tower | USAR |
| 37.600 | Schwäbisch Hall | TWR | Tower | USAR |

*Blick auf die Funkanlage im Cockpit eines kleineren Flugzeuges. Von oben nach unten sehen Sie: zwei UKW-Sprechfunkgeräte (COMM), zwei UKW-Navigationsempfänger (NAV) und einen Empfänger für ungerichtete Mittelwellen-Funkfeuer (ADF). (Foto: Becker-Flugfunk)*

| Frequenz | Standort | Dienst | Rufname | Bemerkungen |
|---|---|---|---|---|
| **118.000 - 121.450 MHz Beweglicher Flugfunkdienst** | | | | |
| 118.000 | Dresden | TWR | Tower | |
| 118.025 | Frankfurt | ATIS | Arrival | |
| 118.050 | Hannover | APP | Radar Approach | |
| 118.075 | Speyer | AFIS | Information | |
| 118.100 | Berlin-Tempelhof | TWR | Tower | |
| 118.100 | Kassel-Calden | TWR | Tower | |
| 118.100 | Nürnberg | TWR | Ground | |

| | | | | |
|---|---|---|---|---|
| 118.125 | Grünzburg-Donauried | AFIS | Information | |
| 118.125 | Juist | AFIS | Information | |
| 118.125 | Norden-Norddeich | AFIS | Information | |
| 118.150 | Hannover | APP | Radar Approach | |
| 118.150 | Wunstorf | CTR | Departure | GAF |
| 118.175 | Lachen-Speyerdorf | AFIS | Information | |
| 118.175 | Neumagen-Dhron | AFIS | Information | |
| 118.175 | Rothenburg | AFIS | Information | |
| 118.175 | Tannhausen | AFIS | Information | |
| 118.200 | Friedrichshafen | TWR | Tower | |
| 118.200 | Hamburg | APP | Arrival | |
| 118.200 | Siegerland | AFIS | Information | |
| 118.200 | Weiden | AFIS | Information | |
| 118.225 | Augsburg-Mühlhausen | TWR | Tower | |
| 118.250 | Freiburg | AFIS | Information | |
| 118.250 | Wyk auf Föhr | AFIS | Information | |
| 118.275 | Bad Windsheim | AFIS | Information | |
| 118.275 | Erbach | AFIS | Information | |
| 118.275 | Königsdorf | | Segelflug | |
| 118.275 | Paderborn-Lippstadt | TWR | Tower | |
| 118.275 | Walldorf | AFIS | Information | |
| 118.300 | Berlin-Schönefeld | APP | Tower | |
| 118.300 | Düsseldorf | TWR | Tower | |
| 118.300 | Hildesheim | AFIS | Information | |
| 118.300 | Nürnberg | TWR | Tower | |
| 118.325 | Hirzenhain | AFIS | Information | |
| 118.350 | Beilngries | AFIS | Information | |
| 118.350 | Berlin-Tegel | TWR | Tower | ILS-APP |
| 118.350 | Bielefeld-Windelsblei. | AFIS | Information | |
| 118.350 | Saarbrücken | TWR | Tower | |
| 118.375 | München | ATIS | | |
| 118.425 | Dachau-Gröbenried | AFIS | Information | |
| 118.425 | Dinkelsbühl-Sinbronn | AFIS | Information | |
| 118.425 | Eggenfelden | AFIS | Information | |
| 118.425 | Lager Hammelburg | AFIS | Information | |
| 118.450 | Bayreuth | TWR | Tower | |
| 118.500 | Bremen | TWR | Tower | |
| 118.500 | Frankfurt | APP | Director | |
| 118.500 | Gunzenhausen-Reutberg | AFIS | Information | |
| 118.500 | Neubiberg | AFIS | Information | |
| 118.525 | Dierdorf-Wienau | AFIS | Information | |
| 118.525 | Kulmbach | AFIS | Information | |
| 118.550 | Arnbruck | AFIS | Information | |
| 118.550 | Berlin-Schönefeld | FIS | Friedland Info | N FIS |
| 118.550 | Saarbrücken | TWR | Tower | |
| 118.575 | Bremen | TWR | Turm | |
| 118.575 | Langenfeld-Wiescheid | | Segelflug | |
| 118.600 | Lübeck-Blankensee | AFIS | Information | |
| 118.625 | Ganderkesee-Atlas Afld | AFIS | Information | |

| | | | | |
|---|---|---|---|---|
| 118.625 | Kirchdorf/Inn | AFIS | Information | |
| 118.625 | Regensburg-Oberhub | AFIS | Information | |
| 118.650 | Düsseldorf | APP | Radar Approach | |
| 118.675 | Osnabrück-Atterheide | AFIS | Information | |
| 118.700 | Berlin-Tegel | TWR | Tower | ILS-APP |
| 118.700 | München | TWR | Tower | PL1-N |
| 118.700 | Northeim | AFIS | Information | |
| 118.725 | Coburg-Brandenstein. | AFIS | Information | |
| 118.750 | Düsseldorf | ACC | Radar | SR 3 |
| 118.775 | Egelsbach | TWR | Tower | |
| 118.900 | Hof | TWR | Tower | |
| 118.925 | Karlshöfen | AFIS | Information | |
| 118.925 | Neustadt/Aisch | AFIS | Information | |
| 118.925 | Nittenau-Bruck | AFIS | Information | |
| 118.925 | Sobernheim-Domberg | AFIS | Information | |
| 118.950 | Dortmund-Wickede | TWR | Tower | |
| 119.025 | Köln/Bonn | ATIS | | |
| 119.050 | München | APP | Radar | CR |
| 119.075 | Köln/Bonn | TWR | Tower | |
| 119.150 | Frankfurt | APP | Radar | CVFR/TFIS |
| 119.150 | St.Peter-Ording | AFIS | Information | |
| 119.175 | Vilshofen | AFIS | Information | |
| 119.200 | Stadtlohn-Wenningfeld | AFIS | Information | |
| 119.225 | Hannover | APP | Arrival | |
| 119.225 | Nürnberg | APP | Approach | |
| 119.250 | Bonn-Hangelar | AFIS | Information | |
| 119.300 | Berlin-Tempelhof | | Berlin Departure | |
| 119.350 | Braunschweig | TWR | Tower | |
| 119.375 | Illertissen | AFIS | Information | |
| 119.400 | Düsseldorf | APP | Arrival Radar | |
| 119.400 | München | TWR | Tower | PL2-S |
| 119.450 | Bremen | APP | Radar | TMA |
| 119.475 | Nürnberg | APP | Radar Approach | VFR |
| 119.500 | Berlin-Schönefeld | APP | Radar Approach | OR2 |
| 119.525 | Nürnberg | APP | Radar Approach | VFR |
| 119.550 | Oberpfaffenhofen | TWR | Tower | Dornier |
| 119.600 | Hannover | APP | Arrival | |
| 119.650 | Ramstein | APP | Approach | USAF |
| 119.650 | Saarbrücken | APP | Ramstein Approach | |
| 119.700 | Berlin-Schönefeld | ACC | | Ausweichfrequenz |
| 119.700 | Berlin-Tegel | TWR | Tower | ILS-APP |
| 119.700 | Cottbus | ACC | Cottbus Control | |
| 119.700 | Dresden | APP | Approach Radar | |
| 119.700 | Düsseldorf | | Clutch Radar | |
| 119.700 | Düsseldorf | TWR | Apron | |
| 119.700 | Erfurt | APP | Approach | |
| 119.700 | Friedland | ACC | Friedland Radar | |
| 119.700 | Laarbruch | APP | Approach | RAF |
| 119.700 | Leipzig | APP | Approach | |

| | | | | |
|---|---|---|---|---|
| 119.700 | Wildenrath | TWR | Tower | RAF |
| 119.750 | Essen-Mühlheim | AFIS | Information | |
| 119.750 | Westerland/Sylt | TWR | Tower | |
| 119.775 | Mühldorf | AFIS | Information | |
| 119.800 | Hassfurt | AFIS | Information | |
| 119.825 | Bremen | FIS | Information | TFIS |
| 119.900 | Frankfurt | TWR | Tower | |
| 119.900 | Konstanz | AFIS | Information | |
| 119.900 | Schwandorf | AFIS | Information | |
| 119.975 | Korbach | AFIS | Information | |
| 119.975 | Neumarkt/Oberpfalz | AFIS | Information | |
| 119.975 | Pfarrkirchen | AFIS | Information | |
| 119.975 | Schweinfurt | AFIS | Information | |
| 119.975 | Weissenhorn | AFIS | Information | |
| 120.050 | Düsseldorf | ACC | Radar | WR 1 |
| 120.100 | Leipzig | TWR | Tower | |
| 120.150 | Frankfurt | APP | Radar | |
| 120.175 | Hannover | TWR | Tower | |
| 120.200 | München | TWR | Tower | PL2-N |
| 120.250 | Köln/Bonn | APP | Düsseldorf Arrival | |
| 120.350 | Bremen | ACC | Radar | SR 4 |
| 120.375 | Altdorf-Wallburg | AFIS | Information | |
| 120.375 | Brilon | AFIS | Information | |
| 120.375 | Damme | AFIS | Information | |
| 120.375 | Herrenteich | AFIS | Information | |
| 120.375 | Nördlingen | AFIS | Information | |
| 120.375 | Schleswig-Kropp | AFIS | Information | |
| 120.375 | Seedorf | AFIS | Information | |
| 120.450 | Frankfurt | ACC | Radar | ER 4 |
| 120.500 | Köln/Bonn | TWR | Tower | |
| 120.500 | München | TWR | Tower | PL1-S |
| 120.575 | Frankfurt | FIS | Radar | South Sec |
| 120.600 | Hamburg | APP | Radar Approach | |
| 120.750 | Bremen | ACC | Weser Radar | NR 5 Eider TMA W |
| 120.775 | München | APP | Radar | TR1-S |
| 120.800 | Frankfurt | APP | Radar Approach | |
| 120.850 | Berlin | | Berlin Center | |
| 120.900 | Köln/Bonn | APP | Düsseldorf Radar | TFIS |
| **120.975** | **Hängegleiter- und Ultraleicht-Frequenz** | | | |
| 121.025 | Anspach/Taunus | AFIS | Information | |
| 121.025 | Mengeringhausen | AFIS | Information | |
| 121.025 | Nordholz-Spieka | AFIS | Information | |
| 121.025 | Vogtareuth | AFIS | Information | |
| 121.025 | Wahlstedt | AFIS | Information | |
| 121.075 | Wasserkuppe | | Segelflug | |
| 121.100 | Berlin-Gatow | TWR | Tower | |
| 121.100 | Heringsdorf | AFIS | Information | |
| 121.100 | Leipzig | APP | Approach | |
| 121.200 | Erfurt | APP | Approach | |

| | | | | |
|---|---|---|---|---|
| 121.275 | Hamburg | TWR | Tower | |
| 121.300 | Berlin-Schönefeld | APP | Radar | |
| 121.350 | Bremen | ACC | Radar | SR 2 |
| 121.400 | Attendorn | AFIS | Information | |
| **121.500** | **Internationale Notruffrequenz** | | | |

**121.600 - 121.975 MHz Bewegungslenkung am Boden**

| | | | | |
|---|---|---|---|---|
| 121.600 | Berlin-Schönefeld | TWR | Ground | |
| 121.600 | Frankfurt | MIL | Ramp | |
| 121.600 | Leipzig | TWR | Ground | |
| 121.700 | Frankfurt | TWR | Apron | FAG |
| 121.725 | München | TWR | Ground/Apron | |
| 121.750 | Berlin-Tegel | TWR | Ground | |
| 121.750 | Bremen | TWR | Ground | |
| 121.750 | Egelsbach | TWR | Apron | |
| 121.800 | Frankfurt | TWR | Ground | |
| 121.800 | Hamburg | TWR | Ground | |
| 121.825 | München | TWR | Ground | PB1-S |
| 121.825 | Westerland/Sylt | TWR | Apron | |
| 121.850 | Hannover | ATIS | Departure | |
| 121.850 | Köln/Bonn | TWR | Ground | |
| 121.900 | Berlin-Tempelhof | TWR | Ground | |
| 121.900 | Düsseldorf | TWR | Ground | |
| 121.900 | Frankfurt | TWR | Ground | Start-up |
| 121.925 | München | TWR | Apron | |
| 121.950 | Hannover | TWR | Ground | |
| 121.975 | München | TWR | Ground | PB1-N |

**122.000 - 123.050 MHz Beweglicher Flugfunkdienst - National**

| | | | |
|---|---|---|---|
| 122.000 | Alkersleben | AFIS | Information |
| 122.000 | Aschersleben | AFIS | Information |
| 122.000 | Bad Kissingen | AFIS | Information |
| 122.000 | Barssel | AFIS | Information |
| 122.000 | Brandenburg | AFIS | Information |
| 122.000 | Bronkow | AFIS | Information |
| 122.000 | Eggersdorf | AFIS | Information |
| 122.000 | Eisenhüttenstadt | AFIS | Information |
| 122.000 | Fürstenwalde | AFIS | Information |
| 122.000 | Fürstenzell | AFIS | Information |
| 122.000 | Görlitz | AFIS | Information |
| 122.000 | Greiz-Obergrochlitz | AFIS | Information |
| 122.000 | Güstrow | AFIS | Information |
| 122.000 | Halle-Oppin | AFIS | Information |
| 122.000 | Hölleberg | AFIS | Information |
| 122.000 | Jahnsdorf/Chemnitz | AFIS | Information |
| 122.000 | Jena-Schöngleina | AFIS | Information |
| 122.000 | Kamenz | AFIS | Information |
| 122.000 | Kempten-Durach | AFIS | Information |
| 122.000 | Laucha | AFIS | Information |

| | | | | |
|---|---|---|---|---|
| 122.000 | Lauf-Lillinghof | AFIS | Information | |
| 122.000 | Marl-Loemühle | AFIS | Information | |
| 122.000 | Nienburg-Holzbalge | AFIS | Information | |
| 122.000 | Nordhausen | AFIS | Information | |
| 122.000 | Oppenheim | AFIS | Information | |
| 122.000 | Oschersleben | AFIS | Information | |
| 122.000 | Parchim | AFIS | Information | |
| 122.000 | Pennewitz | AFIS | Information | |
| 122.000 | Roitzschjora | AFIS | Information | |
| 122.000 | Schwarzheide-Schipkau | AFIS | Information | |
| 122.000 | Sömmerda | AFIS | Information | |
| 122.000 | Stralsund | AFIS | Information | |
| 122.000 | Strausberg | AFIS | Information | |
| 122.000 | Taucha | AFIS | Information | |
| 122.000 | Trier-Föhren | AFIS | Information | |
| 122.000 | Westerland/Sylt | AFIS | Information | |
| 122.000 | Wittstock-Berlinchen | AFIS | Information | |
| 122.025 | Deggendorf | AFIS | Information | |
| 122.025 | Hornberg | | Segelflug | |
| 122.025 | Langeoog | AFIS | Information | |
| 122.025 | Schameder | AFIS | Information | |
| 122.025 | Wesel-Römerwardt | AFIS | Information | |
| 122.050 | Braunschweig-Waggum | FIS | Information | |
| 122.050 | Frankfurt | TWR | Apron | FAG |
| 122.050 | Rheine-Eschendorf | AFIS | Information | |
| 122.100 | Ahlhorn | TWR | Tower | GAF |
| 122.100 | Altdorf-Wallburg | AFIS | Information | |
| 122.100 | Altenstadt | TWR | Tower | GAR |
| 122.100 | Ansbach | TWR | Tower | USAR |
| 122.100 | Bad Kreuznach | TWR | Tower | USAR |
| 122.100 | Bad Tölz/Baker | TWR | Tower | USAR |
| 122.100 | Baker Army Airfield | TWR | Tower | USAR |
| 122.100 | Berlin-Tempelhof | TWR | Tower | USAR |
| 122.100 | Bitburg | TWR | Tower | USAF |
| 122.100 | Bonames Maurice Rose | TWR | Tower | USAR |
| 122.100 | Bonn-Hardthöhe | TWR | Tower | GAR |
| 122.100 | Bremgarten | TWR | Tower | GAF |
| 122.100 | Brüggen | TWR | Tower | RAF |
| 122.100 | Büchel | TWR | Tower | GAF |
| 122.100 | Bückeburg | TWR | Tower | GAR |
| 122.100 | Butzweilerhof | TWR | Tower | BAR |
| 122.100 | Celle | TWR | Tower | GAR |
| 122.100 | Coleman | TWR | Tower | USAR |
| 122.100 | Diepholz | TWR | Tower | GAF |
| 122.100 | Eggebek | TWR | Egmont Tower | GNY |
| 122.100 | Erding | TWR | Tower | GAF |
| 122.100 | Faßberg | TWR | Tower | GAF |
| 122.100 | Feucht | TWR | Tower | USAR |
| 122.100 | Finthen | TWR | Tower | USAR |

| | | | | |
|---|---|---|---|---|
| 122.100 | Fritzlar | TWR | Tower | GAR |
| 122.100 | Fulda | TWR | Tower | USAR |
| 122.100 | Fürstenfeldbruck | TWR | Fürsty Tower | GAF |
| 122.100 | Geilenkirchen | TWR | Frisbee Tower | NATO |
| 122.100 | Giebelstadt | TWR | Tower | USAR |
| 122.100 | Grafenwöhr | TWR | Tower | USAR |
| 122.100 | Gütersloh | TWR | Tower | RAF |
| 122.100 | Hanau | TWR | Tower | USAR |
| 122.100 | Heidelberg | TWR | Tower | USAR |
| 122.100 | Hohenfels | TWR | Tower | USAR |
| 122.100 | Hohn | TWR | Tower | GAF |
| 122.100 | Hopsten | TWR | Tower | GAF |
| 122.100 | Husum | TWR | Tower | GAF |
| 122.100 | Illesheim | TWR | Tower | USAR |
| 122.100 | Ingolstadt | TWR | Ingo Tower | GAF |
| 122.100 | Itzehoe Hungriger Wolf | TWR | Tower | GAR |
| 122.100 | Jever | TWR | Tower | GAF |
| 122.100 | Kaufbeuren | TWR | Tower | GAF |
| 122.100 | Kiel-Holtenau | TWR | Tower | GNY |
| 122.100 | Kitzingen Harvey Bks | TWR | Tower | USAR |
| 122.100 | Köln/Bonn | TWR | Tower | GAF |
| 122.100 | Laarbruch | TWR | Tower | RAF |
| 122.100 | Landsberg/Lech | TWR | Tower | GAF |
| 122.100 | Laupheim | TWR | Lima Tower | GAR |
| 122.100 | Lechfeld | TWR | Tower | GAF |
| 122.100 | Leck | TWR | Tower | GAF |
| 122.100 | Leipheim | TWR | Tower | GAF |
| 122.100 | Ludwigsburg | TWR | Tower | |
| 122.100 | Manching | | Segelflug | |
| 122.100 | Memmingen | TWR | Tower | GAF |
| 122.100 | Mendig | TWR | Tower | GAR |
| 122.100 | Meppen | FIS | Information | GAR |
| 122.100 | Neubiberg | TWR | Tower | |
| 122.100 | Neuburg | TWR | Donau Tower | GAF |
| 122.100 | Neuhausen/Eck | TWR | Hausen Tower | GAR |
| 122.100 | Niederstetten | TWR | Stetten Tower | GAR |
| 122.100 | Nordholz | TWR | Tower | GNY |
| 122.100 | Nörvenich | TWR | Tower | GAF |
| 122.100 | Oberpfaffenhofen | TWR | Tower | Dornier |
| 122.100 | Oldenburg | TWR | Oldy Tower | GAF |
| 122.100 | Pferdsfeld | TWR | Tower | GAF |
| 122.100 | Rheine-Bentlage | TWR | Tower | GAR |
| 122.100 | Rheine-Eschendorf | TWR | Hopsten Tower | |
| 122.100 | Rotenburg/Wümme | TWR | Romeo Tower | GAR |
| 122.100 | Roth | TWR | Tower | GAR |
| 122.100 | Schleswig | TWR | Tower | GNY |
| 122.100 | Schwäbisch Hall | TWR | Tower | USAR |
| 122.100 | Schwäbisch Hall-Weckr. | TWR | Tower | |
| 122.100 | Sembach | TWR | Tower | USAF |

| | | | | |
|---|---|---|---|---|
| 122.100 | Straubing | TWR | Tower | GAR |
| 122.100 | Werl | TWR | Tower | BAR |
| 122.100 | Wertheim | TWR | Tower | USAR |
| 122.100 | Wiesbaden | TWR | Tower | USAR |
| 122.100 | Wildenrath | TWR | Tower | RAF |
| 122.100 | Wilhelmsh.-Mariensiel | TWR | Jever Tower | |
| 122.100 | Wittmundhafen | TWR | Wittmund Tower | GAF |
| 122.100 | Wunstorf | TWR | Tower | GAF |
| 122.100 | Zweibrücken | TWR | Tower | USAF |
| 122.150 | Mannheim-Neuostheim | AFIS | Information | |
| 122.175 | Kippeneck | | Segelflug | |
| 122.175 | Lauterbach | AFIS | Information | |
| 122.175 | Oerlinghausen | AFIS | Information | |
| 122.175 | Teck | | Segelflug | |
| 122.175 | Würzburg-Schenkenturm | AFIS | Information | |
| 122.200 | Altena-Hegenscheid | AFIS | Information | |
| 122.200 | Bad Frankenhausen | AFIS | Information | |
| 122.200 | Bautzen-Klix | AFIS | Information | |
| 122.200 | Friedersdorf | AFIS | Information | |
| 122.200 | Gardelegen | AFIS | Information | |
| 122.200 | Gotha-Ost | AFIS | Information | |
| 122.200 | Großbrückerswalde | AFIS | Information | |
| 122.200 | Kreuzbruch | AFIS | Information | |
| 122.200 | Oschatz | AFIS | Information | |
| 122.200 | Pasewalk | AFIS | Information | |
| 122.200 | Pirna | AFIS | Information | |
| 122.200 | Pritzwalk | AFIS | Information | |
| 122.200 | Purkshof | AFIS | Information | |
| 122.200 | Renneritz | AFIS | Information | |
| 122.200 | Rudolstadt-Groschwitz | AFIS | Information | |
| 122.200 | Rügen-Güttin | AFIS | Information | |
| 122.200 | Schmoldow | AFIS | Information | |
| 122.200 | Schönebeck | AFIS | Information | |
| 122.200 | Schwerin-Pinnow | AFIS | Information | |
| 122.200 | Spangdahlem | TWR | Tower | USAF |
| 122.200 | Stölln Rhinow | AFIS | Information | |
| 122.200 | Waren-Vieöost | AFIS | Information | |
| 122.200 | Zwickau | AFIS | Information | |
| **122.250** | **Freiballon-Frequenz** | | | |
| **122.300** | **Motorflug Ausbildungs-Frequenz am Platz** | | | |
| 122.300 | Anklam | AFIS | Information | |
| 122.300 | Eschenlohe | | Segelflug | |
| 122.300 | Garbenheimer Wiesen | | Segelflug | |
| 122.300 | Grünstadt | | Segelflug | |
| 122.300 | Hamburg-Neugraben | | Segelflug | |
| 122.300 | Hoya | | Segelflug | |
| 122.300 | Ithwiesen | | Segelflug | |
| 122.300 | Johannisau | | Segelflug | |
| 122.300 | Jüterbog-Oehna | AFIS | Oehna Info | |

| | | | |
|---|---|---|---|
| 122.300 | Kaufbeuren | | Segelflug |
| 122.300 | Kirchheim/Teck | | Segelflug |
| 122.300 | Kirn | | Segelflug |
| 122.300 | Kyritz | AFIS | Information |
| 122.300 | Ludwigshafen-Dannstadt | | Segelflug |
| 122.300 | Magdeburg | AFIS | Information |
| 122.300 | Oberhinkofen | | Segelflug |
| 122.300 | Quackenbrück | | Segelflug |
| 122.300 | Schauendahl | | Segelflug |
| 122.300 | Schwann-Connweiler | | Segelflug |
| 122.300 | Sinsheim | | Segelflug |
| 122.300 | Unterwössen | | Segelflug |
| 122.300 | Wershofen | | Segelflug |
| 122.300 | Zellhausen | | Segelflug |
| 122.300 | Zierenberg | | Segelflug |
| 122.350 | Aschaffenburg | AFIS | Information |
| 122.350 | Bad Ditzenbach | AFIS | Information |
| 122.350 | Bad Neuenahr-Ahrweiler | AFIS | Information |
| 122.350 | Düsseldorf-Wolfsaap | | Segelflug |
| 122.350 | Giengen-Brenz | AFIS | Information |
| 122.350 | Lemwerder | TWR | Tower |
| 122.350 | Montabaur | | Segelflug |
| 122.350 | Pirmasens-Zweibrücken | AFIS | Information |
| 122.375 | Bremerhaven-Luneort | AFIS | Information |
| 122.375 | Dahlemer Binz | AFIS | Information |
| 122.375 | Mainbullau | AFIS | Information |
| 122.375 | Mengen | AFIS | Information |
| 122.375 | Porta Westfalica | AFIS | Information |
| 122.400 | Aventoft | | Segelflug |
| 122.400 | Bad Dürkheim | AFIS | Information |
| 122.400 | Fulda-Jossa | AFIS | Information |
| 122.400 | Harle | AFIS | Information |
| 122.400 | Kiel-Holtenau | AFIS | Information |
| 122.400 | Verden-Scharnhorst | AFIS | Information |
| 122.400 | Wangerooge | AFIS | Information |
| 122.400 | Wipperfürth-Neye | AFIS | Information |
| 122.425 | Jesenwang | AFIS | Information |
| 122.425 | Leverkusen | AFIS | Information |
| 122.425 | Schmallenberg | AFIS | Information |
| 122.450 | Helgoland-Düne | AFIS | Information |
| 122.450 | Hettstadt | AFIS | Information |
| 122.450 | Kassel-Calden | TWR | Tower |
| 122.450 | Reichelsheim | AFIS | Information |
| 122.475 | Esslingen-Jägerhaus | | Segelflug |
| 122.475 | Helmstedt | | Segelflug |
| 122.475 | Kirchhain-Amöneburg | | Segelflug |
| 122.475 | Wustweiler | | Segelflug |
| 122.500 | Aachen-Merzbrück | TWR | Tower |
| 122.500 | Arnsberg | TWR | Tower |

| | | | | |
|---|---|---|---|---|
| 122.500 | Bamberg | TWR | Tower | |
| 122.500 | Bamberg-Breitenau | AFIS | Information | |
| 122.500 | Bayreuth | FIS | Information | |
| 122.500 | Bohmte-Bad Essen | AFIS | Information | |
| 122.500 | Borkum | TWR | Tower | |
| 122.500 | Butzweilerhof | TWR | Tower | BAR |
| 122.500 | Ebern-Sendelbach | AFIS | Information | |
| 122.500 | Emden | AFIS | Information | |
| 122.500 | Essen-Mühlheim | AFIS | Information | |
| 122.500 | Flensburg-Schäferhaus | TWR | Tower | |
| 122.500 | Gießen-Lützellinden | AFIS | Information | |
| 122.500 | Gundelfingen | | Segelflug | |
| 122.500 | Hof | AFIS | Information | |
| 122.500 | Landsberg/Lech | | Segelflug | |
| 122.500 | Lüchow-Rehbeck | AFIS | Information | |
| 122.500 | Mosenberg | AFIS | Information | |
| 122.500 | Nabern-Teck | AFIS | Information | |
| 122.500 | Neuburg-Egweil | AFIS | Information | |
| 122.500 | Nordenbeck | AFIS | Information | |
| 122.500 | Paderborn-Lippstadt | TWR | Tower | |
| 122.500 | Rheine-Eschendorf | TWR | Tower | |
| 122.500 | Schwabmünchen | AFIS | Information | |
| 122.500 | Siegerland | AFIS | Information | |
| 122.500 | St.Michaelisdonn | AFIS | Information | |
| 122.500 | Trier-Föhren | AFIS | Information | |
| **122.550** | **Segelflug Streckenflug-Frequenz** | | | |
| 122.600 | Ahrenlohe | AFIS | Information | |
| 122.600 | Backnang-Heiningen | AFIS | Information | |
| 122.600 | Bad Wörishofen | AFIS | Information | |
| 122.600 | Borkum | TWR | Tower | |
| 122.600 | Breitscheid | AFIS | Information | |
| 122.600 | Dinslaken Schw. Heide | AFIS | Information | |
| 122.600 | Donzdorf-Meselberg | AFIS | Information | |
| 122.600 | Emden | TWR | Tower | |
| 122.600 | Griesau | AFIS | Information | |
| 122.600 | Grube | AFIS | Information | |
| 122.600 | Heide-Büsum | AFIS | Information | |
| 122.600 | Karlsruhe-Forchheim | TWR | Tower | |
| 122.600 | Linkenheim | AFIS | Information | |
| 122.600 | Norderney | AFIS | Information | |
| 122.600 | Peine-Eddesse | AFIS | Information | |
| 122.600 | Saarlouis-Düren | AFIS | Information | |
| 122.600 | Treuchtlingen-Bubenh. | AFIS | Information | |
| 122.600 | Unterschüpf | AFIS | Information | |
| 122.600 | Weser-Wümme | AFIS | Information | |
| 122.625 | Hamm-Lippewiesen | AFIS | Information | |
| 122.625 | Kührstett-Bederkesa | AFIS | Information | |
| 122.650 | Koblenz-Winningen | AFIS | Information | |
| 122.650 | Nordhorn-Klausheide | AFIS | Information | |

| | | | | |
|---|---|---|---|---|
| 122.675 | Werdohl-Küntrop | AFIS | Information | |
| 122.700 | Auerbach | AFIS | Information | |
| 122.700 | Ballenstedt/Quedlinburg | AFIS | Information | |
| 122.700 | Gera | AFIS | Information | |
| 122.700 | Riesa-Göhlis | AFIS | Information | |
| 122.700 | Schönhagen | AFIS | Information | |
| 122.750 | Betzdorf-Kirchen | AFIS | Information | |
| 122.750 | Bieberach/Riss | AFIS | Information | |
| 122.750 | Detmold | TWR | Tower | BAR |
| 122.750 | Kehl-Sundheim | AFIS | Information | |
| 122.750 | Walldürn | AFIS | Information | |
| **122.800** | **Bord-Bord-Frequenz** | | | |
| 122.825 | Tannheim | AFIS | Information | |
| 122.850 | Bopfingen | AFIS | Information | |
| 122.850 | Flensburg-Schäferhaus | AFIS | Information | |
| 122.850 | Herzogenaurach | AFIS | Information | |
| 122.850 | Hüttenbusch | AFIS | Information | |
| 122.850 | Idar-Oberstein-Göttschied | AFIS | Information | |
| 122.850 | Krefeld-Egelsberg | AFIS | Information | |
| 122.850 | Landshut-Ellermühle | AFIS | Information | |
| 122.850 | Mosbach-Lohrbach | AFIS | Information | |
| 122.850 | Münster-Telgte | AFIS | Information | |
| 122.850 | Ober-Mörlen | AFIS | Information | |
| 122.850 | Salzgitter-Drütte | AFIS | Information | |
| 122.850 | Schwenningen | AFIS | Information | |
| 122.850 | Uelzen | AFIS | Information | |
| 122.850 | Wilhelmsh.-Mariensiel | AFIS | Information | |
| 122.875 | Aachen-Merzbrück | TWR | Tower | |
| 122.875 | Langenlonsheim | AFIS | Information | |
| 122.875 | Leutkirch-Unterzeil | AFIS | Information | |
| 122.900 | Dessau | AFIS | Information | |
| 122.900 | Finsterwalde | AFIS | Information | |
| 122.900 | Neuhausen | AFIS | Information | |
| 122.900 | Neustadt/Glewe | AFIS | Information | |
| 122.900 | Suhl-Doldlauter | AFIS | Information | |
| 122.925 | Mainz-Finthen | AFIS | Information | |
| 122.925 | Plettenbg.-Hüingshsn. | AFIS | Information | |
| 122.925 | Rinteln | AFIS | Information | |
| 122.975 | Mindelheim-Mattsies | AFIS | Information | |
| 123.000 | Bad Gandersheim | AFIS | Information | |
| 123.000 | Bad Waldsee-Reute | AFIS | Information | |
| 123.000 | Blomberg-Borkshausen | AFIS | Information | |
| 123.000 | Borkum | AFIS | Information | |
| 123.000 | Eichstätt | AFIS | Information | |
| 123.000 | Emden | TWR | Tower | |
| 123.000 | Eudenbach | | Segelflug | |
| 123.000 | Hodenhagen | AFIS | Information | |
| 123.000 | Kamp-Lintfort | AFIS | Information | |
| 123.000 | Lichtenfels | AFIS | Information | |

| | | | |
|---|---|---|---|
| 123.000 | Marburg-Schönstadt | AFIS | Information |
| 123.000 | Meschede-Schüren | AFIS | Information |
| 123.000 | Neumünster | AFIS | Information |
| 123.000 | Ochsenfurt | AFIS | Information |
| 123.000 | Ottengrüner Heide | AFIS | Information |
| 123.000 | Reiselfingen | | Segelflug |
| 123.000 | Schmidgaden | AFIS | Information |
| 123.000 | Schweighofen | AFIS | Information |
| 123.000 | Stade | AFIS | Information |
| 123.000 | Traben-Trarbach | AFIS | Information |
| 123.000 | Varrelbusch | AFIS | Information |
| 123.000 | Vilsbiburg | AFIS | Information |
| 123.025 | Arnsberg | AFIS | Information |
| 123.025 | Heubach | AFIS | Information |
| 123.050 | Achmer | AFIS | Information |
| 123.050 | Ailertchen | AFIS | Information |
| 123.050 | Baltrum | AFIS | Information |
| 123.050 | Blumberg | AFIS | Information |
| 123.050 | Donauw.Genderkingen | AFIS | Information |
| 123.050 | Gelnhausen | AFIS | Information |
| 123.050 | Oberschleissheim | | Segelflug |
| 123.050 | Oldenburg-Hatten | AFIS | Information |
| 123.050 | Paderborn-Haxterberg | AFIS | Information |
| 123.050 | Poltringen | | Segelflug |
| 123.050 | Schwäbisch-Hall-Hessent. | AFIS | Information |
| 123.050 | Schwäbisch Hall-Weckri. | TWR | Tower |
| 123.050 | Uetersen | AFIS | Information |
| 123.050 | Wülzburg | | Segelflug |
| **123.100** | **Such- und Rettungseinsatz-Frequenz (SAR)** | | |

**123.150 - 123.675 MHz Beweglicher Flugfunkdienst - National**

| | | |
|---|---|---|
| 123.150 | Babenhausen | Segelflug |
| 123.150 | Bad Buchau | Segelflug |
| 123.150 | Bisperode | Segelflug |
| 123.150 | Braunfels | Segelflug |
| 123.150 | Düsseldorf Wolfsaap | Segelflug |
| 123.150 | Ellwangen | Segelflug |
| 123.150 | Emmerich | Segelflug |
| 123.150 | Farrenberg | Segelflug |
| 123.150 | Hagensteinerhof | Segelflug |
| 123.150 | Hamburg-Bergedorf | Segelflug |
| 123.150 | Hangensteinerhof | Segelflug |
| 123.150 | Hellenhagen | Segelflug |
| 123.150 | Hornberg | Segelflug |
| 123.150 | Hülben | Segelflug |
| 123.150 | Kell | Segelflug |
| 123.150 | Laufenselden | Segelflug |
| 123.150 | Oppingen-Au | Segelflug |
| 123.150 | Siegen-Eisernhardt | Segelflug |

| | | | | |
|---|---|---|---|---|
| 123.150 | Singhofen | | Segelflug | |
| 123.150 | Stüde-Bernsteinsee | | Segelflug | |
| 123.150 | Tauberbischofsheim | | Segelflug | |
| 123.150 | Übersberg | | Segelflug | |
| 123.150 | Vielbrunn | | Segelflug | |
| 123.150 | Welzheim | | Segelflug | |
| 123.200 | Bremen | FIS | Information | |
| 123.200 | Hamburg | APP | Bremen Information | |
| 123.200 | Hannover | APP | Bremen Information | |
| 123.225 | Schwabach-Heidenberg | AFIS | Information | |
| 123.250 | Herten-Rheinfelden | AFIS | Information | |
| 123.250 | Kirchheim/Teck | | Segelflug | |
| 123.250 | Pfullendorf | AFIS | Information | |
| 123.300 | Ahlhorn | GCA | | GAF |
| 123.300 | Bitburg | GCA | | USAF |
| 123.300 | Bremgarten | GCA | | GAF |
| 123.300 | Brüggen | GCA | | RAF |
| 123.300 | Büchel | GCA | | GAF |
| 123.300 | Bückeburg | GCA | | GAR |
| 123.300 | Celle | GCA | | GAR |
| 123.300 | Eggebek | GCA | | GNY |
| 123.300 | Erding | GCA | | GAF |
| 123.300 | Faßberg | GCA | | GAF |
| 123.300 | Fritzlar | GCA | | GAR |
| 123.300 | Gütersloh | GCA | | RAF |
| 123.300 | Heidelberg | GCA | | USAR |
| 123.300 | Hohn | GCA | | GAF |
| 123.300 | Hopsten | GCA | | GAF |
| 123.300 | Husum | GCA | | GAF |
| 123.300 | Itzehoe Hungriger Wolf | GCA | | GAR |
| 123.300 | Jever | GCA | | GA |
| 123.300 | Kiel-Holtenau | GCA | | GNY |
| 123.300 | Laarbruch | GCA | | RAF |
| 123.300 | Landsberg/Lech | GCA | | GAF |
| 123.300 | Laupheim | GCA | | GAR |
| 123.300 | Lechfeld | GCA | | GAF |
| 123.300 | Leck | GCA | | GAF |
| 123.300 | Leipheim | GCA | | GAF |
| 123.300 | Memmingen | GCA | | GAF |
| 123.300 | Mendig | GCA | | GAF |
| 123.300 | Neubrandenburg | AFIS | Information | |
| 123.300 | Neuburg | GCA | | GAF |
| 123.300 | Neuhausen/Eck | GCA | | GAR |
| 123.300 | Niederstetten | GCA | | GAR |
| 123.300 | Nordholz | GCA | | GNY |
| 123.300 | Nörvenich | GCA | | GAF |
| 123.300 | Oldenburg | GCA | | GAF |
| 123.300 | Pferdsfeld | GCA | | GAF |
| 123.300 | Rheine-Bentlage | GCA | | GAR |

| | | | | |
|---|---|---|---|---|
| 123.300 | Schleswig | GCA | | GNY |
| 123.300 | Spangdahlem | GCA | | USAF |
| 123.300 | Wildenrath | GCA | | RAF |
| 123.300 | Wilsche | | Segelflug | |
| 123.300 | Wittmundhafen | GCA | | GAF |
| 123.300 | Wunstorf | GCA | | GAF |
| 123.350 | Agathazeller Moos | | Segelflug | |
| 123.350 | Aichach | | Segelflug | |
| 123.350 | Aschendorf | | Segelflug | |
| 123.350 | Asslar | | Segelflug | |
| 123.350 | Aukrug | | Segelflug | |
| 123.350 | Bad Brückenau | | Segelflug | |
| 123.350 | Bad Wildungen | | Segelflug | |
| 123.350 | Bad Wörishofen | | Segelflug | |
| 123.350 | Bartolomä-Amalienhof | | Segelflug | |
| 123.350 | Bischofsberg | | Segelflug | |
| 123.350 | Büchel | | Segelflug | |
| 123.350 | Büching | | Segelflug | |
| 123.350 | Burgheim | | Segelflug | |
| 123.350 | Cham-Janahof | | Segelflug | |
| 123.350 | Daun-Senheld | | Segelflug | |
| 123.350 | Dorsten | | Segelflug | |
| 123.350 | Ellwangen | | Segelflug | |
| 123.350 | Emmerich | | Segelflug | |
| 123.350 | Eßweiler | | Segelflug | |
| 123.350 | Frechen | | Segelflug | |
| 123.350 | Füssen | | Segelflug | |
| 123.350 | Geitau | | Segelflug | |
| 123.350 | Gießen | | Segelflug | |
| 123.350 | Große Wiese | | Segelflug | |
| 123.350 | Hagensteinerhof | | Segelflug | |
| 123.350 | Hallertau | | Segelflug | |
| 123.350 | Halver | | Segelflug | |
| 123.350 | Hassloch | | Segelflug | |
| 123.350 | Hermuthausen | | Segelflug | |
| 123.350 | Hersbruck | | Segelflug | |
| 123.350 | Hornberg | | Segelflug | |
| 123.350 | Irsingen | | Segelflug | |
| 123.350 | Kirchheim/Teck | | Segelflug | |
| 123.350 | Kissleg | | Segelflug | |
| 123.350 | Konz-Könen | | Segelflug | |
| 123.350 | Kreuzberg/Rhön | | Segelflug | |
| 123.350 | Langenselbold | | Segelflug | |
| 123.350 | Leuzendorf | | Segelflug | |
| 123.350 | Ludwigshafen-Dannstadt | | Segelflug | |
| 123.350 | Malmsheim | | Segelflug | |
| 123.350 | Markdorf | | Segelflug | |
| 123.350 | Oberems | | Segelflug | |
| 123.350 | Paterzell | | Segelflug | |

| | | | |
|---|---|---|---|
| 123.350 | Peine-Glindbruchkippe | | Segelflug |
| 123.350 | Quackenbrück | | Segelflug |
| 123.350 | Rammertshof | | Segelflug |
| 123.350 | Roßfeld | | Segelflug |
| 123.350 | Schäferhalde | | Segelflug |
| 123.350 | Soest | TWR | Salamanca Info |
| 123.350 | Tröstau | | Segelflug |
| 123.350 | Utscheid | | Segelflug |
| 123.350 | Vaihingen | | Segelflug |
| 123.350 | Völkelshoven-Lichtenbg. | | Segelflug |
| 123.350 | Weipertshofen | | Segelflug |
| 123.350 | Wustweiler | | Segelflug |
| 123.350 | Zell-Haidberg | | Segelflug |
| 123.375 | Bensheim | | Segelflug |
| 123.375 | Hilzingen | | Segelflug |
| 123.375 | Ithwiesen | | Segelflug |
| 123.375 | Kirn | | Segelflug |
| **123.400** | **Segelflug Rückholer-Frequenz** | | |
| 123.400 | Arnsberg-Ruhrwiese | | Segelflug |
| 123.400 | Borghorst-Füchten | | Segelflug |
| 123.400 | Bückeburg-Weinberg | | Segelflug |
| 123.400 | Grambeker Heide | | Segelflug |
| 123.400 | Großes Moor | | Segelflug |
| 123.400 | Hilden-Kesselsweier | | Segelflug |
| 123.400 | Hoherodskopf | | Segelflug |
| 123.400 | Hoya | | Segelflug |
| 123.400 | Langenfeld-Wiescheid | | Segelflug |
| 123.400 | Nidda | | Segelflug |
| 123.400 | Oeventrop-Ruhrwiesen | | Segelflug |
| 123.400 | Radevormwald | | Segelflug |
| 123.400 | Stüde-Bernsteinsee | | Segelflug |
| 123.400 | Sundern-Seidfeld | | Segelflug |
| 123.400 | Uslar | | Segelflug |
| 123.400 | Wilsche | | Segelflug |
| **123.425** | **Ultraleicht Ausbildungs-Frequenz** | | |
| 123.450 | Egelsbach | OPS | Helicopter Service |
| 123.450 | Hengsen-Opherdicke | | Segelflug |
| 123.450 | Speyer | TWR | Tower |
| 123.475 | Bollrich | | Segelflug |
| 123.475 | Löchgau | | Segelflug |
| 123.475 | Marpingen | | Segelflug |
| 123.475 | Schnuckenheide-Repke | | Segelflug |
| 123.475 | Wächtersberg-Hub | | Segelflug |
| **123.500** | **Segelflug Ausbildungs-Frequenz am Platz** | | |
| 123.500 | Aachen-Diepenlinchen | | Segelflug |
| 123.500 | Alsfeld | | Segelflug |
| 123.500 | Altenbachtal | | Segelflug |
| 123.500 | Altötting | | Segelflug |
| 123.500 | An den Sieben Bergen | | Segelflug |

| | | | |
|---|---|---|---|
| 123.500 | Asperden-Knobbenhof | | Segelflug |
| 123.500 | Bad Brückenau | | Segelflug |
| 123.500 | Bad Zwischena.-Rostrup | | Segelflug |
| 123.500 | Baldenau | | Segelflug |
| 123.500 | Bartolomä-Amalienhof | | Segelflug |
| 123.500 | Berneck | | Segelflug |
| 123.500 | Bischofsberg | | Segelflug |
| 123.500 | Bisperode | | Segelflug |
| 123.500 | Bohlenberger Feld | | Segelflug |
| 123.500 | Bollrich | | Segelflug |
| 123.500 | Borkum | TWR | Tower |
| 123.500 | Brockzetel | | Segelflug |
| 123.500 | Büching | | Segelflug |
| 123.500 | Bückeburg-Weinberg | | Segelflug |
| 123.500 | Büren | | Segelflug |
| 123.500 | Burgheim | | Segelflug |
| 123.500 | Butzbach | | Segelflug |
| 123.500 | Daun-Senheld | | Segelflug |
| 123.500 | Degmann | | Segelflug |
| 123.500 | Delmenhorst | | Segelflug |
| 123.500 | Der Dingel | | Segelflug |
| 123.500 | Diemelstadt | | Segelflug |
| 123.500 | Dornberg-Sontra | | Segelflug |
| 123.500 | Dornsode | | Segelflug |
| 123.500 | Düsseldorf-Wolfsaap | | Segelflug |
| 123.500 | Edermünde-Grifte | | Segelflug |
| 123.500 | Emmerich | | Segelflug |
| 123.500 | Eßweiler | | Segelflug |
| 123.500 | Etting-Adelmannsberg | | Segelflug |
| 123.500 | Freising Lange-Haken | | Segelflug |
| 123.500 | Gedern | | Segelflug |
| 123.500 | Geilenkirchen-Teveren | | Segelflug |
| 123.500 | Großes Moor | | Segelflug |
| 123.500 | Hassloch | | Segelflug |
| 123.500 | Hattorf/Aue | | Segelflug |
| 123.500 | Hayingen | | Segelflug |
| 123.500 | Heilbronn-Böckingen | | Segelflug |
| 123.500 | Heiligenberg | | Segelflug |
| 123.500 | Hellenhagen | | Segelflug |
| 123.500 | Hengsen-Opherdicke | | Segelflug |
| 123.500 | Heppenheim | | Segelflug |
| 123.500 | Hermuthausen | | Segelflug |
| 123.500 | Hessisch-Lichtenau | | Segelflug |
| 123.500 | Hienheim | | Segelflug |
| 123.500 | Hilden-Kesselsweier | | Segelflug |
| 123.500 | Homberg/Ohm | | Segelflug |
| 123.500 | Höpen | | Segelflug |
| 123.500 | Hornberg | | Segelflug |
| 123.500 | Iserlohn-Rheinermark | | Segelflug |

| | | |
|---|---|---|
| 123.500 | Isny-Rotmoos | Segelflug |
| 123.500 | Kamen-Heeren | Segelflug |
| 123.500 | Karlstadt-Saupurzel | Segelflug |
| 123.500 | Kirchheim/Teck | Segelflug |
| 123.500 | Kleve | Segelflug |
| 123.500 | Konz-Könen | Segelflug |
| 123.500 | Kreuzberg/Rhön | Segelflug |
| 123.500 | Langenberg | Segelflug |
| 123.500 | Lechfeld | Segelflug |
| 123.500 | Leuzendorf | Segelflug |
| 123.500 | Lindlar | Segelflug |
| 123.500 | Lünen-Lippeweiden | Segelflug |
| 123.500 | Memmingen | Segelflug |
| 123.500 | Menden-Barge | Segelflug |
| 123.500 | Mendig | Segelflug |
| 123.500 | Metzingen | Segelflug |
| 123.500 | Michelbach | Segelflug |
| 123.500 | Münsingen-Eisberg | Segelflug |
| 123.500 | Neresheim | Segelflug |
| 123.500 | Neunkirchen-Bexbach | Segelflug |
| 123.500 | Nordenham-Blexen | Segelflug |
| 123.500 | Ochsenhausen | Segelflug |
| 123.500 | Oppershausen | Segelflug |
| 123.500 | Osterholz-Scharmbeck | Segelflug |
| 123.500 | Ottenberg | Segelflug |
| 123.500 | Plätzer | Segelflug |
| 123.500 | Pleidelsheim | Segelflug |
| 123.500 | Pohlheim-Vierheide | Segelflug |
| 123.500 | Rammertshof | Segelflug |
| 123.500 | Reinheim | Segelflug |
| 123.500 | Reiselfingen | Segelflug |
| 123.500 | Rothenberg | Segelflug |
| 123.500 | Rüdesheim | Segelflug |
| 123.500 | Salzgitter | Segelflug |
| 123.500 | Schäferhalde | Segelflug |
| 123.500 | Scheuen | Segelflug |
| 123.500 | Schlechtenfeld | Segelflug |
| 123.500 | Schotten | Segelflug |
| 123.500 | Schreckhof | Segelflug |
| 123.500 | Schwalmstadt | Segelflug |
| 123.500 | Sevelen | Segelflug |
| 123.500 | Stauffenbühl | Segelflug |
| 123.500 | Steinberg/Surwold | Segelflug |
| 123.500 | Steinberg/Wesseln | Segelflug |
| 123.500 | Stillberghof | Segelflug |
| 123.500 | Stüde-Bernsteinsee | Segelflug |
| 123.500 | Tarmstedt | Segelflug |
| 123.500 | Tröstau | Segelflug |
| 123.500 | Ummern | Segelflug |

| | | | | |
|---|---|---|---|---|
| 123.500 | Uslar | | Segelflug | |
| 123.500 | Vaihingen | | Segelflug | |
| 123.500 | Vinsebeck-Frankenberg | | Segelflug | |
| 123.500 | Völkelshoven-Lichtenbg. | | Segelflug | |
| 123.500 | Waldeck | | Segelflug | |
| 123.500 | Warburg | | Segelflug | |
| 123.500 | Weipertshofen | | Segelflug | |
| 123.500 | Wenzendorf | | Segelflug | |
| 123.500 | Wershofen | | Segelflug | |
| 123.500 | Witzenhausen | | Segelflug | |
| 123.525 | Frankfurt | Radar | FIS | |
| 123.550 | Hannover | TWR | Tower | |
| 123.550 | Ramstein | TWR | Tower | USAF |
| 123.575 | Borkenberge | AFIS | Information | |
| 123.600 | Ampfing-Waldkraiburg | AFIS | Information | |
| 123.600 | Bremen | ACC | Weser Radar | NR 4 Eider TMA E |
| 123.600 | Dingolfing | AFIS | Information | |
| 123.600 | Elz | AFIS | Information | |
| 123.600 | Gerstetten | AFIS | Information | |
| 123.600 | Halle-Oppin | AFIS | Information | |
| 123.600 | Hetzleser Berg | AFIS | Information | |
| 123.600 | Saulgau | AFIS | Information | |
| 123.600 | Weinheim | AFIS | Information | |
| 123.625 | Grefrath-Niershorst | AFIS | Information | |
| 123.625 | Hoppstädten-Weiersb. | AFIS | Information | |
| 123.625 | Höxter-Holzminden | AFIS | Information | |
| 123.625 | Laichingen | AFIS | Information | |
| 123.625 | Rottweil-Zepfenhahn | AFIS | Information | |
| 123.650 | Aalen-Heidenheim | AFIS | Information | |
| 123.650 | Allendorf/Eder | AFIS | Information | |
| 123.650 | Ansbach-Petersdorf | AFIS | Information | |
| 123.650 | Bad Neustadt/S. | AFIS | Information | |
| 123.650 | Bergneustadt | AFIS | Information | |
| 123.650 | Celle-Arloh | AFIS | Information | |
| 123.650 | Gießen-Reiskirchen | AFIS | Information | |
| 123.650 | Hockenheim | AFIS | Information | |
| 123.650 | Lauenbrück | AFIS | Information | |
| 123.650 | Melle-Grönegau | AFIS | Information | |
| 123.650 | Michelstadt | AFIS | Information | |
| 123.650 | Moosburg | AFIS | Information | |
| 123.650 | Rendsburg-Schachth. | AFIS | Information | |
| 123.650 | Westerstede-Felde | AFIS | Information | |
| 123.650 | Winzeln-Schramberg | AFIS | Information | |
| **123.700 - 129.675 MHz Beweglicher Flugfunkdienst** | | | | |
| 123.775 | München | FIS | Information | FR-N |
| 123.800 | Mönchengladbach | AFIS | Information | |
| 123.825 | Bottenhorn | AFIS | Information | |
| 123.850 | Berlin-Gatow | TWR | Tower | RAF |
| 123.900 | München | APP | Radar | TR2-N |

| | | | | |
|---|---|---|---|---|
| 123.925 | Bremen | ACC | Weser Radar | WR 5 |
| 123.950 | München | APP | Radar | TE |
| 123.950 | Wasserkuppe | ATC | Berlin Control | |
| 124.000 | Holzdorf | TWR | Tower | |
| 124.000 | Laage | AFIS | Information | |
| 124.000 | Neubrandenburg | Info | GAF | |
| 124.000 | Wriezen-Neuhardenberg | AFIS | Information | |
| 124.025 | Frankfurt | ACC | Radar | Ausweichfrequenz |
| 124.075 | Bremen | ACC | Weser Radar | WR 2 |
| 124.200 | Frankfurt | APP | Arrival/Director | |
| 124.225 | Hamburg | APP | Radar Approach | |
| 124.250 | Donaueschingen-Vill. | AFIS | Information | |
| 124.275 | Hamburg | ATIS | | |
| 124.325 | Nürnberg | ATIS | | |
| 124.350 | Hannover | APP | Radar | CVFR |
| 124.375 | Frankfurt | ACC | Radar | WR 2 |
| 124.425 | Frankfurt | ACC | Radar | OR 3 |
| 124.450 | Münster/Osnabrück | GCA | Hopsten | |
| 124.475 | Frankfurt | FIS | Information | FIS W |
| 124.600 | Worms | AFIS | Information | |
| 124.625 | Hamburg | APP | Radar | CVFR |
| 124.650 | Bremen | ACC | Radar | WR 3 |
| 124.650 | Straubing-Wallmühle | AFIS | Information | |
| 124.700 | Berlin-Schönefeld | ACC | Radar | SR |
| 124.725 | Frankfurt | FIS | Radar | North 2 |
| 124.750 | Offenburg | AFIS | Information | |
| 124.775 | Nürnberg | APP | Radar Approach | |
| 124.800 | Bremen | ACC | Radar | OR 2 |
| 124.825 | München | ACC | Radar | NR 1 |
| 124.850 | Frankfurt | TWR | Tower | |
| 124.900 | Frankfurt | ACC | Radar | NR 1 |
| 124.950 | Berlin-Tegel | ATIS | | |
| 125.100 | Albstadt-Degerfeld | AFIS | Information | |
| 125.200 | Frankfurt | ACC | Radar | OR 1 |
| 125.225 | Düsseldorf | APP | Radar | OR3/SR1 |
| 125.300 | Berlin-Tempelhof | | Berlin Control | |
| 125.350 | Bremen | ACC | Radar | SR 1 |
| 125.500 | Berlin | | Berlin Center | |
| 125.600 | Frankfurt | ACC | Radar | WR 1 |
| 125.600 | Kiel-Holtenau | TWR | Tower | GNY |
| 125.650 | Bremen | APP | Radar | TMA |
| 125.700 | Karlsruhe-Forchheim | AFIS | Information | |
| 125.800 | Berlin-Tempelhof | | Berlin Approach | |
| 125.850 | Bremen | APP | Radar | OR 3 |
| 125.900 | Berlin-Schönefeld | ATIS | | |
| 126.150 | Düsseldorf | ACC | Radar | OR 2 |
| 126.325 | Köln/Bonn | APP | Arrival | |
| 126.350 | Barth | TWR | Tower | |
| 126.450 | München | ACC | Radar | Ausweichfrequenz |

| | | | | |
|---|---|---|---|---|
| 126.650 | Bremen | ACC | Radar | SR 3 |
| 126.700 | Berlin-Schönefeld | ACC | Radar | OR3 |
| 126.700 | Cottbus | ACC | Cottbus Radar | |
| 126.825 | Berlin-Schönefeld | FIS | Information | FIS C |
| 126.850 | Hamburg | TWR | Tower | |
| 126.950 | München | FIS | Information | FR-S |
| 127.050 | Frankfurt | ACC | Radar | SR 1 |
| 127.100 | Hartenholm | AFIS | Information | |
| 127.125 | Frankfurt | ACC | Radar | NR 2 |
| 127.175 | Münster/Osnabrück | ATIS | | |
| 127.375 | München | FIS | Information | UR 2 |
| 127.400 | Bremen | VOL | Bremen Volmet | |
| 127.450 | Rosenthal-Plössen | AFIS | Information | |
| 127.450 | Wolfhagen-Granerberg | AFIS | Information | |
| 127.500 | Frankfurt | ACC | Radar | SR 2 |
| 127.600 | Frankfurt | VOL | Frankfurt Volmet 1 | |
| 127.700 | Dresden | APP | Approach Radar | |
| 127.725 | Frankfurt | ACC | Radar | NR 3 |
| 127.925 | Berlin-Schönefeld | FIS | Information | FIS C |
| 127.925 | Frankfurt | ACC | Radar | NR 4 |
| 127.950 | München | APP | Radar | TR2-S |
| 128.000 | Wriezen-Neuhardenberg | TWR | Tower | GAF |
| 128.025 | München | APP | Radar | TR1-N |
| 128.075 | Berlin-Schönefeld | FIS | Cottbus Information | |
| 128.225 | Karlsruhe | UAC | Rhein Radar | UH Fulda Sec |
| 128.250 | München | ACC | Radar | WR 3 |
| 128.300 | Berlin-Schönefeld | ACC | Radar | OR1 |
| 128.300 | Friedland | ACC | Friedland Radar | |
| 128.375 | Bruchsal | AFIS | Information | |
| 128.400 | Berlin-Schönefeld | VOL | Schönefeld Volmet | |
| 128.550 | Düsseldorf | ACC | Radar | WR 2 |
| 128.650 | Düsseldorf | ACC | Radar | SR 2 |
| 128.825 | Karlsruhe | UAC | Rhein Radar | UH Frankf/Würzbg Sec |
| 128.850 | Düsseldorf | APP | Arrival Radar | |
| 128.950 | Frankfurt | ACC | Radar | OR 5 |
| 128.975 | München | UAC | Radar | UR 2 |
| 129.025 | Friedrichshafen-Löwent. | ATIS | | |
| 129.050 | Ramstein | APP | Approach | USAF |
| 129.050 | Saarbrücken | APP | Ramstein Approach | |
| 129.100 | München | ACC | Radar | NR 2 |
| 129.175 | Düsseldorf | ACC | Radar | OR 1 |
| 129.300 | Berlin-Tegel | APP | Departure | |
| 129.450 | München | UAC | Radar | WR 2 |
| 129.525 | Karlsruhe | UAC | Rhein Radar | Nattenheim Sec |
| 129.675 | Frankfurt | ACC | Radar | OR 2 |
| **129.700 - 130.875 MHz Beweglicher Flugfunkdienst - National** | | | | |
| 129.750 | Berlin-Schönefeld | OPS | Intair Aviations | |
| 129.750 | Bremen | OPS | Intair | |
| 129.750 | Düsseldorf | OPS | Istanbul Airlines | |

| | | | | |
|---|---|---|---|---|
| 129.750 | Düsseldorf | OPS | Aerolloyd | |
| 129.750 | Frankfurt | OPS | Aerolloyd | |
| 129.750 | Hannover | OPS | Air Services | |
| 129.750 | Köln | OPS | Intair | |
| 129.750 | Stuttgart | OPS | Hapag-Lloyd | |
| 129.750 | Stuttgart | OPS | City OPS | |
| 129.800 | Coburg-Steinrücken | AFIS | Information | |
| 129.800 | Münster/Osnabrück | TWR | Tower | |
| 129.850 | Bremgarten | TWR | Tower | GAF |
| 129.850 | Giebelstadt | APP | Stetten Radar | USAR |
| 129.850 | Ingolstadt | TWR | Ingo Tower | GAF |
| 129.850 | Memmingen | TWR | Tower | GAF |
| 129.850 | Neuburg | TWR | Donau Tower | GAF |
| 129.850 | Niederstetten | APP | Stetten Control | GAR |
| 129.850 | Nörvenich | GCA | | GAF |
| 129.850 | Pferdsfeld | TWR | Tower | GAF |
| 129.900 | Frankfurt | OPS | Tyrolean | Station |
| 129.900 | Reichelsheim | OPS | Heli-Flight | Basis |
| 129.900 | Stuttgart | OPS | Air Ambulance | Rettungsflugwacht |
| 129.950 | Nürnberg | OPS | | |
| 129.975 | Altdorf-Hagenhausen | | Segelflug | |
| 129.975 | Altfeld | | Segelflug | |
| 129.975 | Bad Marienberg | | Segelflug | |
| 129.975 | Bolhof | | Segelflug | |
| 129.975 | Bückeburg-Weinberg | | Segelflug | |
| 129.975 | Ernzen | | Segelflug | |
| 129.975 | Eutingen | | Segelflug | |
| 129.975 | Geilenkirchen-Teveren | | Segelflug | |
| 129.975 | Gruibingen-Nortel | | Segelflug | |
| 129.975 | Langenpreising | | Segelflug | |
| 129.975 | Leibertingen | | Segelflug | |
| 129.975 | Malsch | | Segelflug | |
| 129.975 | Möckhühl-Korb | | Segelflug | |
| 129.975 | Mönchsheide | | Segelflug | |
| 129.975 | Müllheim | | Segelflug | |
| 129.975 | Riedlingen | | Segelflug | |
| 129.975 | Wilsche | | Segelflug | |
| 130.000 | Frankfurt | OPS | Aero Lloyd | Station |
| 130.000 | Nürnberg | OPS | Aero Lloyd | Station |
| 130.000 | Oberursel/Ts. | OPS | Aero Lloyd | Zentrale |
| 130.025 | Berlin-Tegel | OPS | Condor | Station |
| 130.025 | Hirzenhain | | Segelflug | |
| 130.025 | Köln | OPS | Germania | Station |
| 130.075 | Berlin-Schönefeld | OPS | BerLine | Basis |
| 130.075 | Düsseldorf | OPS | MTS | Station |
| 130.075 | Köln | OPS | Technik | Germania |
| 130.100 | Frankfurt | OPS | FRAGAS | Flughafen AG |
| 130.100 | Mannheim | OPS | Argus | |
| 130.125 | Bad Königshofen | | Segelflug | |

| | | | | |
|---|---|---|---|---|
| 130.125 | Deckenpfronn-Egelsee | | Segelflug | |
| 130.125 | Dillingen | | Segelflug | |
| 130.125 | Frechen | | Segelflug | |
| 130.125 | Grabenstetten | | Segelflug | |
| 130.125 | Hörbach | | Segelflug | |
| 130.125 | Hünsborn | AFIS | Information | |
| 130.125 | Hütten/Holzenwald | | Segelflug | |
| 130.125 | Kirchzarten | | Segelflug | |
| 130.125 | Landau-Ebenberg | | Segelflug | |
| 130.125 | Lebenstedt | | Segelflug | |
| 130.125 | Meiersberg | | Segelflug | |
| 130.125 | Mülben | | Segelflug | |
| 130.125 | Nastätten | | Segelflug | |
| 130.125 | Neresheim | | Segelflug | |
| 130.125 | Riedelbach | | Segelflug | |
| 130.125 | Stahringen-Wahlwies | | Segelflug | |
| 130.150 | Frankfurt | OPS | Lufthansa Station | Ramp/Catering |
| 130.150 | Köln | OPS | Lufthansa Station | |
| 130.175 | Frankfurt | OPS | Lufthansa | LH Express |
| 130.175 | Köln | OPS | Lufthansa | LH Express |
| 130.175 | München | OPS | Lufthansa | LH Express |
| 130.175 | Münster | OPS | Lufthansa | LH Express |
| 130.175 | Saarbrücken | OPS | Germania | Station |
| 130.200 | Düsseldorf | OPS | Travelair | Station |
| 130.250 | Dortmund | OPS | RFG | Basis |
| 130.250 | Hamburg | OPS | Delta Airlines | Station |
| 130.250 | München | OPS | Delta Airlines | Station |
| 130.250 | Untermusbach | | Segelflug | |
| 130.350 | Hamburg-Finkenwerder | TWR | Tower | |
| 130.425 | Berlin | OPS | Air Berlin | Basis |
| 130.425 | Stuttgart | OPS | | |
| 130.425 | Frankfurt | OPS | Swissair Dispatch | |
| 130.450 | Düsseldorf | OPS | Hapag Lloyd | Station |
| 130.450 | Hannover | OPS | Hapag Lloyd | Station |
| 130.500 | Brüggen | GCA | | RAF |
| 130.500 | Gütersloh | GCA | | RAF |
| 130.500 | Laarbruch | GCA | | RAF |
| 130.500 | Rester CC | CTR | Rester Center | USAF |
| 130.550 | Bremen | OPS | | |
| 130.550 | Düsseldorf | OPS | Pegasus | Station |
| 130.550 | Hamburg | OPS | Air Services | |
| 130.550 | Hannover | OPS | Air Services | |
| 130.550 | Köln | OPS | Air Services | |
| 130.600 | Binningen | AFIS | Information | |
| 130.600 | Blaubeuren | AFIS | Information | |
| 130.600 | Emden | TWR | Tower | |
| 130.600 | Ingelfingen-Bühlhof | AFIS | Information | |
| 130.600 | Meinerzhagen | AFIS | Information | |
| 130.600 | Nannhausen | AFIS | Information | |

| | | | | |
|---|---|---|---|---|
| 130.650 | Düsseldorf | OPS | LTU Ops | Basis |
| 130.650 | München | OPS | Avitrans | MTM-Aviation |
| 130.650 | München | OPS | LTU Ops | Station |
| 130.650 | München | OPS | München Air Services | |
| 130.650 | Köln | OPS | Air Services | |
| 130.775 | Burg Feuerstein | AFIS | Information | |
| 130.775 | Leer-Nüttermoor | AFIS | Information | |
| 130.800 | Brüggen | APP | Clutch Radar | RAF |
| 130.800 | Düsseldorf | | Clutch Radar | RAF |
| 130.800 | Gütersloh | APP | Approach | RAF |
| 130.800 | Laarbruch | APP | Approach | RAF |
| 130.850 | Düsseldorf | OPS | Interrot | Basis |
| 130.850 | Düsseldorf | OPS | Adria | Station |
| 130.850 | Hamburg | OPS | Groundair | |
| 130.850 | Hannover | OPS | | |
| 130.850 | Köln | OPS | Groundair | |
| 130.850 | Nürnberg | OPS | | |

**130.900 - 137.975 MHz Beweglicher Flugfunkdienst**

| | | | | |
|---|---|---|---|---|
| 130.975 | Frankfurt | FIS | Information | FIS South/East |
| 131.225 | Koblenz | OPS | Sperber | |
| 131.300 | Frankfurt | ACC | Radar | SR 3 |
| 131.375 | Bremen | ACC | Weser Radar | WR 4 TMA South |
| 131.400 | Berlin-Tempelhof | OPS | Air Tempelhof | Basis |
| 131.450 | Frankfurt | OPS | Alitalia | Station |
| 131.475 | Frankfurt | OPS | Lufthansa Station | |
| 131.500 | Frankfurt | OPS | Air France | Station |
| 131.500 | Frankfurt | OPS | Saudia | Station |
| 131.525 | Frankfurt | OPS | Monarch Air | Station |
| 131.550 | Frankfurt | OPS | Lufthansa Maintenance | |
| 131.550 | Köln/Bonn | OPS | Lufthansa Station | |
| 131.550 | Bremen | OPS | Lufthansa Station | |
| 131.550 | Hannover | OPS | Lufthansa Station | |
| 131.550 | München | OPS | Lufthansa Station | |
| 131.575 | Frankfurt | OPS | Lufthansa Maintenance | |
| 131.650 | Frankfurt | OPS | Japan Airlines | Station |
| 131.675 | Frankfurt | OPS | Alitalia | Station |
| 131.675 | Frankfurt | OPS | American Airlines | |
| 131.700 | Düsseldorf | OPS | Swissair | Station |
| 131.700 | Frankfurt | OPS | VIASA | Station |
| 131.700 | Frankfurt | OPS | Swissair | Station |
| 131.700 | Hamburg | OPS | KLM | Station |
| 131.725 | Frankfurt | OPS | Lufthansa | ACARS-Datenfunk |
| 131.750 | Frankfurt | OPS | Lufthansa OZ | Verkehrsleitung |
| 131.775 | Hannover | OPS | Flamingo | NFD |
| 131.775 | München | OPS | Flamingo | NFD |
| 131.800 | Berlin | OPS | Speedbird | British Airways |
| 131.800 | Düsseldorf | OPS | Speedbird | British Airways |
| 131.800 | Friedrichshafen | OPS | Deutsche BA | Basis |

| | | | | |
|---|---|---|---|---|
| 131.800 | Köln/Bonn | OPS | Speedbird | British Airways |
| 131.800 | München | OPS | Speedbird | British Airways |
| 131.800 | Stuttgart | OPS | Speedbird | British Airways |
| 131.825 | Frankfurt | OPS | Air Portugal | Station |
| 131.850 | Berlin-Schönefeld | OPS | Condor Flugdienst | Station |
| 131.850 | Berlin-Schönefeld | OPS | Lufthansa | Station |
| 131.850 | Frankfurt | OPS | Delta Airlines | Station |
| 131.875 | Frankfurt | OPS | Lufthansa Dispatch | |
| 131.900 | Frankfurt | OPS | Speedbird | British Airways |
| 131.925 | Düsseldorf | OPS | Lufthansa | Station |
| 131.925 | Frankfurt | OPS | Lufthansa | Station |
| 131.925 | Leipzig | OPS | Lufthansa | Station |
| 131.925 | München | OPS | Lufthansa | Station |
| 131.925 | Nürnberg | OPS | Lufthansa | Station |
| 131.925 | Stuttgart | OPS | Lufthansa | Station |
| 132.025 | Pegnitz Zipser Berg | AFIS | Information | |
| 132.150 | Karlsruhe | UAC | Rhein Radar | Würzburg Sec |
| 132.325 | Karlsruhe | UAC | Rhein Radar | Frankfurt Sec |
| 132.375 | Bad Pyrmont | AFIS | Information | |
| 132.400 | Karlsruhe | UAC | Rhein Radar | Sölling Sec |
| 132.550 | München | UAC | Radar | HR 3 |
| 132.725 | München | UAC | Radar | UR 1 |
| 132.775 | Karlsruhe | UAC | Rhein Radar | UH Nattenheim |
| 132.875 | München | UAC | Radar | SR 3 |
| 133.250 | Maastricht | UAC | Maastricht Radar | Ruhr Sec |
| 133.275 | Karlsruhe | UAC | Rhein Radar | UH Sölling |
| 133.500 | Cottbus | AFIS | Charlie Info | |
| 133.550 | Bremen | FIS | Information | FIR N |
| 133.650 | Karlsruhe | UAC | Rhein Radar | Frankfurt Sec |
| 133.675 | München | UAC | Radar | SR 2 |
| 133.725 | Bremen | ACC | Radar | Ausweichfrequenz |
| 133.750 | München | UAC | Radar | HR 1 |
| 133.850 | Maastricht | UAC | Maastricht Radar | Coastel/Ruhr Sec |
| 133.950 | Maastricht | UAC | Maastricht Radar | Solling Sec |
| 134.150 | München | ACC | Radar | SR 1 |
| 134.550 | Karlsruhe | UAC | Rhein Radar | Fulda Sec |
| 134.800 | Karlsruhe | UAC | Rhein Radar | Tango Sec |
| 134.950 | Karlsruhe | UAC | Rhein Radar | Nattenheim Sec |
| 135.150 | Maastricht | UAC | Maastricht Radar | Hamburg Sec |
| 135.350 | Düsseldorf | FIS | Information | FIR N/E |
| 135.450 | Maastricht | UAC | Maastricht Radar | Coastel Sec |
| 135.650 | Berlin-Schönefeld | ACC | Radar | |
| 135.700 | Bremen | FIS | Information | FIR/TMA S |
| 135.725 | Nürnberg | FIS | Information | Frankfurt FIR/TMA |
| 135.775 | Frankfurt | VOL | Frankfurt Volmet 2 | |
| 135.950 | Karlsruhe | UAC | Rhein Radar | UIR Ausweichfrequenz |
| 136.750 | Holzdorf | TWR | Tower | |

**138.000 - 142.000 MHz Beweglicher Flugfunkdienst - Militär**

| | | | | |
|---|---|---|---|---|
| 138.250 | Fulda | APP | Approach | USAR |
| 138.250 | Grafenwöhr | APP | Approach | USAR |
| 138.250 | Rheine-Bentlage | TWR | Tower | GAR |
| 138.250 | Schwäbisch Hall | APP | Approach | USAR |
| 138.250 | Sembach | TWR | Tower | USAF |
| 138.300 | Geilenkirchen | TWR | Frisbee Tower | NATO |
| 138.400 | Landsberg/Lech | TWR | Tower | GAF |
| 138.450 | Büdingen | TWR | Tower | USAR |
| 138.600 | Darmstadt | TWR | Tower | USAR |
| 138.600 | Gießen | TWR | Tower | USAR |
| 138.600 | Landstuhl | ADV | Advisory | USAR |
| 138.600 | Nellingen | TWR | Tower | USAR |
| 138.600 | Schwäbisch Gmünd | TWR | Tower | USAR |
| 138.600 | Schweinfurt | TWR | Tower | USAR |
| 138.600 | Wunstorf | TWR | Tower | GAF |
| 138.750 | Giebelstadt | TWR | Tower | USAR |
| 138.750 | Laupheim | TWR | Lima Tower | GAR |
| 138.900 | Ramstein | APP | Approach | USAF |
| 139.050 | Ansbach | TWR | Tower | USAR |
| 139.050 | Finthen | TWR | Tower | USAR |
| 139.050 | Schleswig | TWR | Tower | GNY |
| 139.150 | Werl | TWR | Tower | BAR |
| 139.250 | Nordholz | TWR | Tower | GNY |
| 139.300 | Butzwellerhof | TWR | Tower | BAR |
| 139.400 | Ingolstadt | TWR | Ingo Tower | GAF |
| 139.500 | Coleman | | | USAR |
| 139.500 | Lechfeld | TWR | Tower | GAF |
| 139.875 | Geilenkirchen | COM | Magic | NATO/AWACS |
| 139.950 | Celle | TWR | Tower | GAR |
| 140.300 | Coleman | MET | Metro | USAR |
| 140.300 | Feucht | MET | Metro | USAR |
| 140.300 | Finthen | MET | Metro | USAR |
| 140.300 | Giebelstadt | MET | Metro | USAR |
| 140.300 | Grafenwöhr | MET | Metro | USAR |
| 140.300 | Hanau | MET | Metro | USAR |
| 140.300 | Heidelberg | MET | Metro | USAR |
| 140.300 | Schwäbisch Hall | MET | Metro | USAR |
| 140.300 | Stuttgart | MET | Metro | USAR |
| 140.450 | Büchel | TWR | Tower | GAF |
| 140.450 | Fürstenfeldbruck | TWR | Fürsty Tower | GAF |
| 140.500 | Eggebek | TWR | Egmont Tower | GNY |
| 140.700 | Hohn | TWR | Tower | GAF |
| 140.750 | Niederstetten | APP | Stetten Control | GAR |
| 141.100 | Eifel Control | APP | Approach | USAF |
| 141.100 | Spangdahlem | ADV | Advisroy | USAF |
| 141.300 | Ansbach | TWR | Ground | USAR |
| 141.300 | Coleman | TWR | Ground | USAR |
| 141.300 | Feucht | TWR | Ground | USAR |

| | | | | |
|---|---|---|---|---|
| 141.300 | Finthen | TWR | Ground | USAR |
| 141.300 | Giebelstadt | TWR | Ground | USAR |
| 141.300 | Grafenwöhr | TWR | Ground | USAR |
| 141.300 | Hanau | TWR | Ground | USAR |
| 141.300 | Heidelberg | TWR | Tower | USAR |
| 141.300 | Kitzingen Harvey Bks | TWR | Ground | USAR |
| 141.300 | Schwäbisch Hall | TWR | Ground | USAR |
| 141.350 | Bückeburg | TWR | Tower | GAR |
| 141.350 | Sembach | MET | Metro | USAF |
| 141.400 | Ahlhorn | TWR | Tower | GAF |
| 141.450 | Kaufbeuren | TWR | Tower | GAF |
| 141.650 | Stuttgart | OPS | Army Ops | USAR |
| 141.700 | Faßberg | TWR | Tower | GAF |
| 141.800 | Augsburg | TWR | Gablingen Ops | USAR |
| 141.800 | Carlisle CC | CTR | Radio | USAR |
| 141.950 | Bad Kreuznach | TWR | Tower | USAR |
| 141.950 | Bad Tölz/Baker | TWR | Tower | USAR |
| 141.950 | Hohenfels | TWR | Tower | USAR |
| 141.950 | Wertheim | TWR | Tower | USAR |
| 142.050 | Giebelstadt | TWR | Tower | USAR |
| 142.200 | Feucht | TWR | Tower | USAR |
| 142.200 | Heidelberg | TWR | Tower | USAR |
| 142.350 | Wiesbaden | TWR | Tower | USAR |
| 142.450 | Grafenwöhr | TWR | Tower | USAR |
| 142.450 | Hanau | TWR | Tower | USAR |
| 142.450 | Schwäbisch Hall | TWR | Tower | USAR |
| 142.500 | Memmingen | TWR | Tower | GAF |
| 142.500 | Neubiberg | TWR | Tower | GAF |
| 142.650 | Coleman | TWR | Tower | USAR |
| 142.650 | Kitzingen Harvey Bks | TWR | Tower | USAR |
| 142.900 | Baumholder | ADV | Advisory | USAR |
| 142.900 | Bonames Maurice Rose | TWR | Tower | USAR |
| 142.900 | Fulda | TWR | Tower | USAR |
| 142.900 | Illesheim Storck Bks | TWR | Tower | USAR |
| 142.900 | Pirmasens | ADV | | USAR |
| 143.450 | Diepholz | TWR | Tower | GAF |
| 143.750 | Heidelberg | APP | Approach | USAR |
| 143.800 | Sembach | COM | Command Post | USAR |

**230.000 - 328.000 MHz Beweglicher Flugfunkdienst**

| | | | | |
|---|---|---|---|---|
| 230.250 | München | UAC | Radar | WR 2 |
| 230.300 | Frankfurt | FIS | Radar | TFIS |
| 231.250 | Frankfurt | APP | Radar Approach | |
| 231.500 | Kassel-Calden | TWR | Tower | |
| 231.900 | Eifel Control | APP | Arrival | |
| 231.900 | Rhein UAC Karlsruhe | UAC | Radar | |
| 231.900 | Spangdahlem | ADV | | |
| 232.500 | Düsseldorf | ACC | Clutch Radar | |
| 232.700 | Zweibrücken | PTD | | USAF |
| 233.450 | Frankfurt | ACC | Radar | NR 2 |
| 233.500 | Frankfurt | ACC | Radar | OR 3/4 |
| 234.600 | Niederstetten | TWR | Stetten Tower | GAR |
| 234.900 | Laupheim | TWR | Lima Tower | GAR |
| 234.900 | München | UAC | Radar | SR 3 |
| 235.200 | Rhein UAC Karlsruhe | UAC | Radar | |
| 241.850 | Bitburg | TWR | Ground | |
| 241.950 | München | FIS | Information | FR-S |
| 242.000 | Bremen | ACC | Radar | WR 3 |
| 242.050 | Karlsruhe | UAC | Rhein Radar | UH Nattenheim Sec |
| 242.500 | Brüggen | APP | Approach | RAF |
| 242.700 | Ramstein | APP | Approach | USAF |
| **243.000** | **Internationale Notruffrequenz** | | | |
| 243.300 | Celle | TWR | Tower | GAR |
| 243.300 | Frankfurt | ACC | Radar | OR 5 |
| 243.600 | Frankfurt | MIL | Ramp | USAF |
| 244.600 | Wildenrath | TWR | Ground | RAF |
| 244.850 | Prüm | TWR | Morpha | |
| 245.100 | Faßberg | TWR | Tower | GAF |
| 245.100 | Nellingen | TWR | Tower | |
| 245.300 | Spangdahlem | COM | Command Post | USAF |
| 245.950 | Pferdsfeld | TWR | Tower | GAF |
| 246.000 | Wunstorf | TWR | Tower | GAF |
| 246.900 | Detmold | TWR | Tower | MIL |
| 247.400 | Karlsruhe | UAC | Rhein Radar | Nattenheim Sec |
| 247.650 | Geilenkirchen | TWR | Frisbee Tower | NATO |
| 248.800 | Frankfurt | ACC | Radar | WR 1/2 |
| 249.400 | Erding | TWR | Tower | GAF |
| 249.500 | Frankfurt | TWR | Tower | |
| 249.500 | Hamburg | TWR | Tower | |
| 249.500 | Hannover | TWR | Tower | |
| 249.500 | Stuttgart | TWR | Tower | |
| 249.650 | Bad Kreuznach | TWR | Tower | USAR |
| 249.650 | Bad Tölz/Baker | TWR | Tower | USAR |
| 249.650 | Hohenfels | TWR | Tower | USAR |
| 249.650 | Wertheim | TWR | Tower | USAR |
| 249.700 | Ansbach | TWR | Tower | USAR |
| 249.800 | Schleswig | TWR | Tower | GNY |
| 249.850 | München | APP | Radar | CR |

| | | | | |
|---|---|---|---|---|
| 249.950 | Maastricht | UAC | Maastricht Radar | Hamburg Sec |
| 250.300 | Düsseldorf | APP | Radar | OR3/SR1 |
| 250.350 | Bremen | ACC | Weser Radar | NR 5 Eider TMA W |
| 251.400 | Meppen | FIS | Information | |
| 252.150 | Carlisle CC | RDO | | USAF |
| 252.150 | Feucht | TWR | Tower | USAR |
| 252.150 | Heidelberg | TWR | Tower | USAR |
| 252.650 | Fürstenfeldbruck | TWR | Fürsty Tower | GAF |
| 252.800 | Leck | TWR | Tower | GAF |
| 253.350 | Geilenkirchen | TWR | Frisbee Ground | NATO |
| 253.450 | Butzweilerhof | TWR | Tower | BAR |
| 253.450 | Lechfeld | TWR | Tower | GAF |
| 253.500 | Büdingen | TWR | Tower | USAR |
| 253.500 | Düsseldorf | ACC | Radar | TFIS Köln/Bonn |
| 253.550 | Heidelberg | APP | Approach | USAR |
| 254.000 | Grafenwöhr | APP | Approach | USAR |
| 254.250 | Kiel-Holtenau | TWR | Tower | GNY |
| 254.250 | Zweibrücken | TWR | Tower | USAF |
| 254.300 | Leipheim | TWR | Tower | GAF |
| 254.700 | Düsseldorf | ACC | Radar | SR 3 |
| 255.800 | Giebelstadt | TWR | Tower | USAR |
| 255.850 | Bremen | ACC | Weser Radar | WR 4 Weser TMA S |
| 256.100 | Bremen | ACC | Radar | SR 3 |
| 256.250 | Karlsruhe | UAC | Rhein Radar | Sölling Sec |
| 256.550 | Bremen | ACC | Weser Radar | WR 2 Weser TMA N |
| 256.800 | Bückeburg | TWR | Tower | GAR |
| 256.800 | Itzehoe Hungriger Wolf | TWR | Tower | GAR |
| 256.800 | Laupheim | TWR | Lima Tower | GAR |
| 256.800 | Mendig | TWR | Tower | GAR |
| 256.800 | Neuhausen/Eck | TWR | Hausen Tower | GAR |
| 256.800 | Niederstetten | TWR | Stetten Tower | GAR |
| 256.800 | Rheine-Bentlage | TWR | Tower | GAR |
| 256.800 | Rotenburg/Wümme | TWR | Romeo Tower | GAR |
| 256.800 | Straubing | TWR | Tower | GAR |
| 256.900 | Soest | TWR | Salamanca Info | |
| 257.000 | München | UAC | Radar | HR 3 |
| 257.000 | Sembach | TWR | Tower | |
| 257.250 | Düsseldorf | FIS | Information | FIR N/E |
| 257.300 | Hildesheim | FIS | Information | |
| 257.500 | Nordholz | TWR | Tower | GNY |
| 257.650 | Giebelstadt | TWR | Ground | USAR |
| 257.650 | Oldenburg | TWR | Oldy Tower | GAF |
| 257.800 | Ahlhorn | TWR | Tower | GAR |
| 257.800 | Altenstadt | TWR | Tower | GAR |
| 257.800 | Bitburg | TWR | Tower | GAR |
| 257.800 | Bonn-Hardthöhe | TWR | Tower | GAR |
| 257.800 | Bremgarten | TWR | Tower | GAR |
| 257.800 | Brüggen | TWR | Tower | RAF |
| 257.800 | Büchel | TWR | Tower | GAF |

| | | | | |
|---|---|---|---|---|
| 257.800 | Bückeburg | TWR | Tower | GAR |
| 257.800 | Celle | TWR | Tower | GAR |
| 257.800 | Detmold | TWR | Tower | GAR |
| 257.800 | Diepholz | TWR | Tower | GAR |
| 257.800 | Eggebek | TWR | Egmont Tower | GNY |
| 257.800 | Erding | TWR | Tower | GAF |
| 257.800 | Faßberg | TWR | Tower | GAF |
| 257.800 | Fritzlar | TWR | Tower | GAR |
| 257.800 | Fürstenfeldbruck | TWR | Fürsty Tower | GAF |
| 257.800 | Berlin-Gatow | TWR | Tower | RAF |
| 257.800 | Geilenkirchen | TWR | Frisbee Tower | NATO |
| 257.800 | Gütersloh | TWR | Tower | RAF |
| 257.800 | Heidelberg | TWR | Tower | USAR |
| 257.800 | Hohn | TWR | Tower | GAF |
| 257.800 | Hopsten | TWR | Tower | GAF |
| 257.800 | Husum | TWR | Tower | GAF |
| 257.800 | Ingolstadt | TWR | Ingo Tower | GAF |
| 257.800 | Itzehoe Hungriger Wolf | TWR | Tower | GAR |
| 257.800 | Jever | TWR | Tower | GAF |
| 257.800 | Kaufbeuren | TWR | Tower | GAF |
| 257.800 | Kiel-Holtenau | TWR | Tower | GNY |
| 257.800 | Laarbruch | TWR | Tower | RAF |
| 257.800 | Landsberg/Lech | TWR | Tower | GAF |
| 257.800 | Laupheim | TWR | Lima Tower | GAR |
| 257.800 | Lechfeld | TWR | Tower | GAF |
| 257.800 | Leck | TWR | Tower | GAF |
| 257.800 | Leipheim | TWR | Tower | GAF |
| 257.800 | Memmingen | TWR | Tower | GAF |
| 257.800 | Mendig | TWR | Tower | GAR |
| 257.800 | Meppen | FIS | Information | GAR |
| 257.800 | Münster-Osnabrück | TWR | Tower | GAR |
| 257.800 | Neubiberg | TWR | Tower | GAF |
| 257.800 | Neuburg | TWR | Donau Tower | GAF |
| 257.800 | Neuhausen/Eck | TWR | Hausen Tower | GAR |
| 257.800 | Niederstetten | TWR | Stetten Tower | GAR |
| 257.800 | Nordholz | TWR | Tower | GNY |
| 257.800 | Nörvenich | TWR | Tower | GAF |
| 257.800 | Oberpfaffenhofen | TWR | Tower | Dornier |
| 257.800 | Oldenburg | TWR | Oldy Tower | GAF |
| 257.800 | Paderborn-Lippstadt | TWR | Tower | |
| 257.800 | Pferdsfeld | TWR | Tower | GAF |
| 257.800 | Ramstein | TWR | Tower | USAF |
| 257.800 | Rheine-Bentlage | TWR | Tower | GAR |
| 257.800 | Rotenburg/Wümme | TWR | Romeo Tower | GAR |
| 257.800 | Schleswig | TWR | Tower | GNY |
| 257.800 | Sembach | TWR | Tower | USAR |
| 257.800 | Straubing | TWR | Tower | GAR |
| 257.800 | Wildenrath | TWR | Tower | RAF |
| 257.800 | Wittmundhafen | TWR | Wittmund Tower | GAF |

| | | | | |
|---|---|---|---|---|
| 257.800 | Wunstorf | TWR | Tower | GAF |
| 257.800 | Zweibrücken | TWR | Tower | USAF |
| 258.900 | Bremen | ACC | Radar | OR 2 |
| 259.050 | Bonn-Hardthöhe | TWR | Tower | GAR |
| 259.400 | Frankfurt | MET | Metro | USAF |
| 259.750 | Maastricht | UAC | Maastricht Radar | Solling Sec |
| 260.000 | Bremen | ACC | Radar | SR 4 |
| 262.600 | Rester CC | CTR | Rester Center | |
| 267.200 | Frankfurt | APP | Arrival | |
| 267.450 | Stuttgart | APP | Radar | CVFR |
| 267.500 | Karlsruhe | UAC | Rhein Radar | Sölling Sec |
| 267.700 | Hopsten | TWR | Tower | GAF |
| 268.500 | Maastricht | UAC | Maastricht Radar | Coastel/Ruhr Sec |
| 268.600 | Ramstein | ATIS | | USAF |
| 269.550 | Wiesbaden | TWR | Tower | USAR |
| 270.000 | München | UAC | Radar | SR 4 |
| 275.400 | Bremen | ACC | Weser Monitor | TRA-201N |
| 275.550 | Düsseldorf | ACC | Radar | OR 1 |
| 275.950 | Ahlhorn | TWR | Tower | GAF |
| 275.950 | Neubiberg | TWR | Tower | GAF |
| 276.000 | Leck | TWR | Tower | GAF |
| 276.000 | Ramstein | APP | Approach | USAF |
| 276.800 | Prüm | TWR | Jeremiah | USAF |
| 277.200 | Bitburg | TWR | Tower | USAF |
| 277.200 | Eifel Control | APP | Approach | |
| 277.200 | Leck | TWR | Tower | GAF |
| 277.200 | Ramstein | TWR | Tower | USAF |
| 277.200 | Zweibrücken | TWR | Tower | USAF |
| 277.210 | Spangdahlem | TWR | Tower | USAF |
| 277.550 | München | UAC | Radar | UR 1 |
| 277.600 | Nürnberg | FIS | Information | |
| 277.600 | Sembach | COM | Command Post | USAF |
| 277.650 | Eifel Control | APP | Approach | |
| 277.700 | Bremen | APP | Radar | TMA |
| 277.700 | Ingolstadt | TWR | Ingo Tower | GAF |
| 278.950 | Heidelberg | TWR | Tower | USAR |
| 279.000 | Bückeburg | TWR | Tower | GAF |
| 279.250 | Landsberg/Lech | TWR | Tower | GAF |
| 279.600 | München | APP | Radar | TR1/2-N |
| 279.950 | Aachen-Merzbrück | TWR | Tower | |
| 280.200 | Rheine-Bentlage | TWR | Tower | GAR |
| 280.500 | Neuburg | TWR | Donau Tower | GAF |
| 280.550 | Brüggen | APP | Approach | RAF |
| 281.300 | Laupheim | TWR | Lima Tower | GAR |
| 281.400 | Frankfurt | ACC | Radar | NR 4 |
| 281.500 | Bückeburg | TWR | Tower | GAF |
| 282.350 | Lemwerder | TWR | Tower | |
| 282.350 | München | ACC | Radar | NR 4 |
| 282.450 | Karlsruhe | UAC | Rhein Radar | Fulda Sec |

| | | | | |
|---|---|---|---|---|
| 283.000 | Spangdahlem | ATIS | | USAF |
| 283.550 | Frankfurt | ACC | Radar | NR 1 |
| 284.800 | Erding | | Radar | GAF |
| 285.100 | Bremen | ACC | Radar | OR 3 |
| 290.400 | Landstuhl | ADV | Advisory | USAR |
| 290.400 | Schwäbisch Gmünd | TWR | Tower | USAR |
| 290.400 | Schweinfurt | TWR | Tower | USAR |
| 291.200 | Köln/Bonn | TWR | Tower | |
| 291.650 | Düsseldorf | APP | Arrival Radar | |
| 291.700 | Eggebek | TWR | Egmont Tower | GNY |
| 292.100 | Stuttgart | APP | Radar Approach | |
| 292.550 | Köln/Bonn | APP | Düsseldorf Arrival | |
| 292.800 | Oberpfaffenhofen | TWR | Tower | Dornier |
| 293.050 | Bitburg | COM | Command Post | USAF |
| 293.800 | Berlin | | | USAF |
| 294.950 | Sembach | PTD | | USAF |
| 297.250 | Bremen | ACC | Weser Monitor | TRA-202 |
| 297.350 | Wildenrath | TWR | Tower | RAF |
| 297.400 | Ingolstadt | TWR | Ingo Tower | GAF |
| 297.800 | Fritzlar | TWR | Tower | GAR |
| 298.550 | Bremgarten | APP | Approach | GAF |
| 298.700 | Hamburg-Finkenwerder | TWR | Tower | DASA |
| 298.950 | Hannover | APP | Radar | CVFR |
| 299.400 | München | UAC | Radar | HR 2 |
| 300.450 | Maastricht | UAC | Maastricht Radar | Coastel Sec |
| 300.700 | Karlsruhe | UAC | Rhein Radar | Tango Sec |
| 306.550 | Grafenwöhr | TWR | Tower | USAR |
| 306.800 | Bonames Maurice Rose | TWR | Tower | USAR |
| 309.600 | Altenstadt | TWR | Tower | GAR |
| 309.650 | Finthen | TWR | Tower | USAR |
| 309.750 | Bremen | ACC | Weser Monitor | TRA-201S |
| 309.800 | Bitburg | PTD | | USAF |
| 310.300 | Laarbruch | TWR | Tower | RAF |
| 311.300 | Düsseldorf | ACC | Clutch Radar | |
| 311.400 | Karlsruhe | UAC | Rhein Radar | UH Fulda Sec |
| 311.850 | Husum | TWR | Tower | GAF |
| 312.050 | München | ACC | Radar | NR 1 |
| 312.350 | Bremgarten | APP | Approach | |
| 312.350 | Geilenkirchen | TWR | Frisbee Ground | NATO/AWACS |
| 312.450 | Wiesbaden | TWR | Ground | USAR |
| 312.500 | Zweibrücken | TWR | Ground | USAF |
| 313.350 | Coleman | TWR | Tower | USAR |
| 315.000 | Frankfurt | ACC | Radar | SR 1/2 |
| 315.100 | Eifel Control | APP | Approach | |
| 315.400 | Karlsruhe | UAC | Rhein Radar | UH Frankf/Würzbg Sec |
| 315.450 | Augsburg | TWR | Gablingen Ops | USAR |
| 315.650 | Düsseldorf | APP | Radar Approach | |
| 316.200 | Wasserkuppe | ATC | Berlin Control | USAF |
| 316.500 | Ramstein | PTD | | USAF |

| | | | | |
|---|---|---|---|---|
| 316.900 | Düsseldorf | ACC | Radar | OR 2 |
| 317.500 | Borfink | TWR | Erwin Complex | |
| 319.800 | Berlin-Tegel | TWR | Ground | DEP CLR |

**336.000 - 400.000 MHz Beweglicher Flugfunkdienst**

| | | | | |
|---|---|---|---|---|
| 336.000 | Braunschweig | TWR | Tower | |
| 336.800 | Ingolstadt | TWR | Ingo Tower | GAF |
| 337.000 | Spangdahlem | TWR | Ground | USAF |
| 337.300 | Berlin-Tempelhof | TWR | Tower | |
| 337.500 | Geilenkirchen | COM | Magic Command | NATO |
| 337.750 | Bremen | TWR | Tower | |
| 337.750 | Düsseldorf | TWR | Tower | |
| 337.750 | München | TWR | Tower | |
| 337.750 | Nürnberg | TWR | Tower | |
| 337.900 | Hamburg-Finkenwerder | TWR | Tower | DASA |
| 338.550 | Frankfurt | ACC | Radar | NR 3 |
| 338.550 | Ramstein | | | USAF |
| 338.700 | Geilenkirchen | COM | Magic Command | NATO/AWACS |
| 338.700 | Schwetzingen | TWR | Heidelberg Tower | USAR |
| 338.975 | Augsburg-Mühlhausen | TWR | Tower | |
| 339.950 | München | UAC | Radar | SR 2 |
| 340.300 | Düsseldorf | ACC | Clutch Radar | |
| 340.850 | Bremen | ACC | Weser Radar | WR 5 |
| 340.900 | Ansbach | APP | Approach | USAR |
| 340.900 | Feucht | APP | Approach | USAR |
| 341.000 | Mendig | | Buchel Radar | GAR |
| 341.450 | Frankfurt | ACC | Radar | OR 1/2 |
| 342.250 | Karlsruhe | UAC | Rhein Radar | UH Sölling Sec |
| 342.950 | Kaufbeuren | TWR | Tower | GAF |
| 343.000 | Straubing | TWR | Tower | GAR |
| 343.200 | Berlin-Tegel | TWR | Tower | ILS-APP |
| 343.300 | Itzehoe Hungriger Wolf | TWR | Tower | GAR |
| 343.550 | Düsseldorf | ACC | Radar | WR 1 |
| 344.150 | Sembach | TWR | Ground | USAF |
| 344.500 | Nürnberg | APP | Radar/Approach | |
| 344.700 | Düsseldorf | ACC | Radar | WR 2 |
| 346.600 | Mendig | TWR | Tower | GAR |
| 346.600 | Rotenburg/Wümme | TWR | Romeo Tower | GAR |
| 346.650 | Bremgarten | TWR | Tower | |
| 346.650 | Giebelstadt | TWR | Tower | USAR |
| 353.800 | Berlin-Tempelhof | | Berlin Control | |
| 355.100 | Berlin-Gatow | TWR | Tower | RAF |
| 356.000 | Berlin-Tempelhof | TWR | Ground | |
| 356.100 | Hannover | TWR | Tower | |
| 356.800 | Bremen | ACC | Weser Radar | NR 4 Eider TMA E |
| 357.000 | Berlin-Tempelhof | | Berlin Control | |
| 357.000 | Werl | TWR | Tower | BAR |
| 358.000 | Berlin-Tempelhof | TWR | Tower | |
| 359.700 | Berlin-Tegel | TWR | Tower | ILS-APP |
| 359.800 | Düsseldorf | ACC | Radar | Ausweichfrequenz |

| | | | | |
|---|---|---|---|---|
| 359.800 | Frankfurt | APP | Radar Approach | |
| 359.850 | Maastricht | UAC | Maastricht Radar | alle Sec |
| 360.800 | Gütersloh | APP | Approach | RAF |
| 361.000 | Stuttgart | APP | Arrival | |
| 361.900 | Brüggen | TWR | Ground | RAF |
| 362.000 | Bremen | ACC | Radar | SR 2 |
| 362.250 | Maastricht | UAC | Maastricht Radar | Ruhr Sec |
| 362.300 | Berlin | ATC | Approach | |
| 362.300 | Berlin-Tempelhof | | Berlin Approach | |
| 362.300 | Bremen | ACC | Guard | Wachfrequenz |
| 362.300 | Bremgarten | APP | Approach | |
| 362.300 | Brüggen | APP | Approach | RAF |
| 362.300 | Düsseldorf | | Clutch Radar | |
| 362.300 | Frankfurt | ACC | Guard | Wachfrequenz |
| 362.300 | Gütersloh | APP | Approach | RAF |
| 362.300 | Hannover | TWR | Tower | |
| 362.300 | Karlsruhe | UAC | Rhein Radar | Wachfrequenz |
| 362.300 | Laarbruch | APP | Approach | RAF |
| 362.300 | Mendig | | Buchel Radar | GAR |
| 362.300 | München | ACC | Guard | Wachfrequenz |
| 362.300 | Wunstorf | TWR | Tower | GAF |
| 362.500 | Spangdahlem | TWR | Tower | USAF |
| 364.000 | Kitzingen Harvey Bks | TWR | Tower | USAR |
| 364.000 | Spangdahlem | TWR | Tower | USAF |
| 364.200 | Borfink | TWR | Erwin Complex | |
| 364.500 | Frankfurt | ACC | Radar | SR 3 |
| 364.600 | Niederstetten | APP | Stetten Control | GAR |
| 366.750 | Brüggen | TWR | Tower | RAF |
| 366.900 | Düsseldorf | ACC | Clutch Radar | |
| 367.150 | Frankfurt | APP | Radar | |
| 367.150 | Wunstorf | TWR | Tower | GAF |
| 367.200 | Fulda | APP | Approach | USAR |
| 367.200 | Schwäbisch Hall | APP | Approach | USAR |
| 367.850 | Hanau | TWR | Ground | USAR |
| 368.050 | Düsseldorf | APP | Arrival | Köln/Bonn |
| 368.700 | Wittmundhafen | TWR | Wittmund Tower | GAF |
| 368.750 | Diepholz | TWR | Tower | GAF |
| 368.800 | Jever | TWR | Tower | GAR |
| 369.150 | Oberpfaffenhofen | TWR | Tower | GAF |
| 369.750 | Dortmund-Wickede | TWR | Tower | |
| 369.950 | Hannover | APP | Radar/Approach | |
| 369.950 | München | FIS | Information | UR 2 |
| 370.100 | Bremen | FIS | Information | FIR/TMA S |
| 371.800 | Laarbruch | APP | Approach | RAF |
| 372.000 | Berlin-Tempelhof | | Berlin Departure | |
| 372.400 | Karlsruhe | UAC | Rhein Radar | Würzburg Sec |
| 372.500 | München | ACC | Radar | NR 2 |
| 372.750 | Baumholder | ADV | Advisory | USAR |
| 372.750 | Bonames Maurice Rose | TWR | Tower | USAR |

| | | | | |
|---|---|---|---|---|
| 372.750 | Fulda | TWR | Tower | USAR |
| 372.750 | Illesheim Storck Bks | TWR | Tower | USAR |
| 372.750 | Pirmasens | ADV | Advisory | USAR |
| 373.500 | Ramstein | COM | Command Post | USAF |
| 374.200 | Stuttgart | OPS | Army Ops | USAR |
| 374.300 | Stuttgart | OPS | Army Ops | USAR |
| 374.400 | Büchel | TWR | Tower | GAF |
| 375.000 | Ramstein | TWR | Ground | USAF |
| 375.050 | Darmstadt | TWR | Tower | USAR |
| 375.050 | Gießen | TWR | Tower | USAR |
| 375.050 | Wiesbaden Hospital | | | USAF |
| 375.250 | München | UAC | Radar | HR 1 |
| 376.600 | München | APP | Radar | TE |
| 376.600 | Zweibrücken | COM | Command Post | USAF |
| 376.700 | Bremen | FIS | Information | FIR N |
| 376.750 | Ramstein | APP | Approach | USAF |
| 376.850 | Ansbach | TWR | Ground | USAR |
| 376.850 | Coleman | TWR | Ground | USAR |
| 376.850 | Feucht | TWR | Ground | USAR |
| 376.850 | Finthen | TWR | Ground | USAR |
| 376.850 | Grafenwöhr | TWR | Ground | USAR |
| 376.850 | Kitzingen Harvey Bks | TWR | Ground | USAR |
| 376.850 | Schwäbisch Hall | TWR | Ground | USAR |
| 377.800 | Ramstein | MAC | Airlift Command | USAF |
| 378.700 | Eifel Control | ACC | Departure | |
| 379.000 | Bitburg | MET | Metro | USAF |
| 379.000 | Ramstein | MET | Metro | USAF |
| 379.000 | Stuttgart | MET | Metro | USAF |
| 379.750 | Karlsruhe | UAC | Rhein Radar | |
| 379.800 | München | APP | Radar | TR2-S |
| 379.800 | München | APP | Radar | TR1-S |
| 379.850 | Ramstein | TWR | Tower | USAF |
| 380.350 | Hamburg | APP | Radar | CVFR |
| 381.100 | Düsseldorf | APP | Düsseldorf Radar | Köln/Bonn |
| 381.150 | München | ACC | Radar | WR 3 |
| 381.200 | Bremen | ACC | Radar | OR 3 |
| 382.400 | Schwäbisch Hall | TWR | Tower | USAR |
| 382.900 | Brüggen | | Clutch Radar | RAF |
| 382.950 | Memmingen | TWR | Tower | GAF |
| 383.050 | Bitburg | TWR | Tower | USAF |
| 383.200 | Neuhausen/Eck | TWR | Hausen Tower | GAR |
| 383.400 | München | ACC | Radar | NR 3 |
| 383.450 | Hamburg | APP | Arrival | |
| 384.350 | Köln/Bonn | TWR | Tower | GAF |
| 384.650 | Nörvenich | TWR | Tower | GAF |
| 385.100 | Fürstenfeldbruck | TWR | Fürsty Tower | GAF |
| 386.250 | München | ACC | Radar | SR 1 |
| 386.600 | München | UAC | Radar | WR 1 |
| 386.700 | Gütersloh | TWR | Tower | RAF |

| | | | | |
|---|---|---|---|---|
| 386.900 | Berlin-Tempelhof | PTD | | USAR |
| 387.200 | Fritzlar | TWR | Tower | GAR |
| 395.100 | Hanau | TWR | Tower | USAR |
| 395.150 | Pferdsfeld | TWR | Ground | GAF |
| 395.950 | Eggebek | APP | Weser Radar APP | GNY |
| 396.400 | Husum | TWR | Ground | GAF |
| 396.550 | Gütersloh | TWR | Ground | RAF |
| 396.650 | Hohn | TWR | Tower | GAF |
| 398.100 | Fürstenfeldbruck | TWR | Fursty Ground | GAF |

*Zuversichtliche Blicke im Cockpit – weil sich die Piloten auf sichere Funkverbindung zum Boden verlassen können. Gut zu sehen sind die Funkgeräte in der Mittelkonsole. (Foto: Austrian Airlines)*

**ABKÜRZUNGEN**, die in der Flugfunkliste verwendet wurden.

| | |
|---|---|
| ACARS | Datenfunksystem Bord-Boden-Bord |
| ACC | Area Control Centre (Bezirkskontrollstelle) |
| ADV | Advisory (Beratungsdienst) |
| AFIS | Aerodrome Flight Information Service (Flugplatz-Fluginformationsdienst) |
| APP | Approach Control (Anflugkontrollstelle |
| APR | Apron (Flugplatz-Vorfeld) |
| ATC | Air Traffic Control (Flugverkehrskontrolle) |
| ATIS | Automatic Terminal Information Service (automatische Ausstrahlung von Lande- und Startinformationen |
| AWACS | (luftgestütztes Radar-Frühwarnsystem) |
| BAR | (British Army (britisches Heer in Deutschland) |
| CC | Communications Centre (Kommunikationszentrum) |
| Ch | Channel (Funkkanal) |
| CLR | Clearance (Freigabe) |
| COM | Communications (Funkverkehr) |
| CR | Centre Route |
| CTR | Centre (Komunikationszentrum) |
| CTR | Control Zone (Kontrollzone) |
| CVFR | Controlled VFR-Flight (Kontrollierter Flug nach Sichtflugregeln) |
| DASA | Deutsche Aerospace AG |
| DME | Distance Measuring Equipment (Entfernungsmeßgerät) |
| DVD | DVORDME (Entfernungsmessung) |
| DVOR | Doppler VOR |
| DVT | DVOR-TACAN (Doppler-VOR mit TACAN) |
| E | East (Ost) |
| FAG | Flughafen Frankfurt/Main AG |
| FIR | Flight Information Region (Fluginformationsgebiet) |
| FIS | Flight Information Service (Fluginformationsdienst) |
| GAF | German Airforce (Bundesluftwaffe) |
| GAR | Germany Army (Bundesheer) |

| | |
|---|---|
| GCA | Ground Controlled Approach System (bodengelenktes Radar-Anflugverfahren |
| GNY | Germany Navy (Bundesmarine) |
| GP | Glidepath (Gleitpfadfunkfeuer im Dezimeterwellenbereich) |
| GS | Glideslope (Gleitwinkel) |
| ILS | Instrument Landing System (Instrumentenlandesystem im Meter- und Zentimeterwellenbereich) |
| LLZ | Localizer (Landekurssender) |
| MET | Meteorologie (Wetterkunde, Wetterberatung) |
| MIL | militärisch |
| N | North (Nord) |
| NATO | North Atlantic Treaty Organisation (Nordatlantisches Verteidigungsbündnis) |
| NR | North Route |
| OPS | Operations (Betriebszentrale) |
| OR | East Route |
| OZ | Operationszentrale (Verkehrsleitung der Lufthansa in Frankfurt) |
| RAF | Royal Air Force (Luftwaffe von Großbritannien) |
| RDO | Radio (Funkstation) |
| RWY | Runway (Start- und Landebahn) |
| S | South (Süd) |
| Sec | Sektor |
| SR | South Route |
| TAC | TACAN Tactical Air Navigation Aid |
| TFIS | Terminal Flight Information Service (Flugplatz-Fluginformationsdienst) |
| TMA | Terminal Control Area (Nahverkehrsbereich) |
| TR | Terminal Route |
| TVD | TVOR-DME Terminal-VOR mit Entfernungsmessung |
| TVOR | Terminal VOR (UKW-Flugplatzfunkfeuer) |
| TWR | Tower (Flugplatzkontrollstelle) |
| U | Upper |
| UAC | Upper Area Control (Bezirkskontrollstelle für oberen Luftraum) |

| | |
|---|---|
| UH | Upper High Route |
| UIR | Upper Flight Information Region (oberes Fluginformations-gebiet) |
| UR | Upper Route |
| USAF | U.S. Air Force (Luftwaffe der USA) |
| USAR | U.S. Army (Landstreitkräfte der USA) |
| VFR | Visual Flight Rules (Flug nach Sichtflugregeln) |
| VOD | VOR-DME UKW-Drehfunkfeuer mit Entfernungsmessung |
| VOL | Volmet – Wetterinformationen für Luftfahrzeuge im Fluge |
| VOR | VHF Omnidirectional Radio Range (UKW-Drehfunkfeuer) |
| VOT | VORTAC – VOR- und TACAN-Kombination |
| W | West |
| WR | West Route |

## Bedeutung der Funkrufnamen der Bodenstationen:

| | |
|---|---|
| Air Services | Bodenfunkstelle eines Flughafenbetreibers |
| Approach | Anflugkontrollstelle ohne Radar |
| Apron | Bewegungslenkungsstelle auf dem Vorfeld |
| Arrival | Anflugkontrollstelle mit Rundsichtradar |
| Delivery | Streckenfreigabe-Übermittlung |
| Departure | Abflugkontrollstelle mit Rundsichtradar |
| Dispatch | Flugbetriebsmeldestelle der Fluggesellschaften |
| Ground | Bewegungslenkung am Boden |
| Info | Fluginformationsdienst durch Flugleiter/Luftaufsicht |
| Information | Fluginformationsdienst durch Deutsche Flugsicherungs AG |
| Metro | militärischer Wetterinformationsdienst |
| Operations | Bodenfunkstelle einer Fluggesellschaft |
| Precision | Endanflugkontrolle mit Präzisionsradar |
| Radar | Kontrollstelle mit Rundsichtradar |
| Ramp | Kontrollstelle der Abstellposition am Terminal |
| Start-Up | Freigabestelle zum Anlassen der Triebwerke auf dem Vorfeld |

# Rundfunk und Fernsehen (Fernseh-Ton)

Weitestgehend bekannt ist der Frequenzbereich des Hör-Rundfunks auf UKW, der sich von 87,5 bis 108 MHz erstreckt. Eine detaillierte Auflistung aller deutschen und benachbarter ausländischer Rundfunksender mit kompletter Frequenzliste für diesen Bereich finden Sie im Buch „**Rundfunk auf UKW**", das ebenfalls im Siebel Verlag erschienen ist (siehe Leserservice am Ende dieses Buches).

Große Teile des in diesem Buch behandelten Frequenzspektrums sind mit Fernsehsendern belegt:

| | |
|---|---|
| VHF-Bereich I | 47 – 68 MHz |
| VHF-Bereich III | 174 – 223 MHz |
| UHF-Bereich IV/V | 470 – 790 MHz |

Interessant ist in diesem Zusammenhang gegebenenfalls der Empfang der Tonfrequenzen, die wie folgt zu finden sind (Frequenzen in MHz):

| | |
|---|---|
| Kanal 2 / Ton 1 | 53,750 |
| Kanal 2 / Ton 2 | 53,992 |
| Kanal 3 / Ton 1 | 60,750 |
| Kanal 3 / Ton 2 | 60,992 |
| Kanal 4 / Ton 1 | 67,750 |
| Kanal 4 / Ton 2 | 67,992 |
| | |
| Kanal 5 / Ton 1 | 175,250 |
| Kanal 5 / Ton 1 | 180,750 |
| Kanal 5 / Ton 2 | 180,992 |
| Kanal 6 / Ton 1 | 187,750 |
| Kanal 6 / Ton 2 | 187,992 |
| Kanal 7 / Ton 1 | 194,750 |
| Kanal 7 / Ton 2 | 194,992 |
| Kanal 8 / Ton 1 | 201,750 |
| Kanal 8 / Ton 2 | 201,992 |
| Kanal 9 / Ton 1 | 208,750 |
| Kanal 9 / Ton 2 | 208,992 |
| Kanal 10 / Ton 1 | 215,750 |
| Kanal 10 / Ton 2 | 215,992 |
| Kanal 11 / Ton 1 | 222,750 |
| Kanal 11 / Ton 2 | 222,992 |
| Kanal 12 / Ton 1 | 229,750 |
| Kanal 12 / Ton 2 | 229,992 |
| Kanal 21 / Ton 1 | 476,750 |
| Kanal 21 / Ton 2 | 476,992 |

| | | | |
|---|---|---|---|
| Kanal 22 / Ton 1 | 484,750 | Kanal 42 / Ton 1 | 644,750 |
| Kanal 22 / Ton 2 | 484,992 | Kanal 42 / Ton 2 | 644,992 |
| Kanal 23 / Ton 1 | 492,750 | Kanal 43 / Ton 1 | 652,750 |
| Kanal 23 / Ton 2 | 492,992 | Kanal 43 / Ton 2 | 652,992 |
| Kanal 24 / Ton 1 | 500,750 | Kanal 44 / Ton 1 | 660,750 |
| Kanal 24 / Ton 2 | 500,992 | Kanal 44 / Ton 2 | 660,992 |
| Kanal 25 / Ton 1 | 508,750 | Kanal 45 / Ton 1 | 668,750 |
| Kanal 25 / Ton 2 | 508,992 | Kanal 45 / Ton 2 | 668,992 |
| Kanal 26 / Ton 1 | 516,750 | Kanal 46 / Ton 1 | 676,750 |
| Kanal 26 / Ton 2 | 516,992 | Kanal 46 / Ton 2 | 676,992 |
| Kanal 27 / Ton 1 | 524,750 | Kanal 47 / Ton 1 | 684,750 |
| Kanal 27 / Ton 2 | 524,992 | Kanal 47 / Ton 2 | 684,992 |
| Kanal 28 / Ton 1 | 532,750 | Kanal 48 / Ton 1 | 692,750 |
| Kanal 28 / Ton 2 | 532,992 | Kanal 48 / Ton 2 | 692,992 |
| Kanal 29 / Ton 1 | 540,750 | Kanal 49 / Ton 1 | 700,750 |
| Kanal 29 / Ton 2 | 540,992 | Kanal 49 / Ton 2 | 700,992 |
| Kanal 30 / Ton 1 | 548,750 | Kanal 50 / Ton 1 | 708,750 |
| Kanal 30 / Ton 2 | 548,992 | Kanal 50 / Ton 2 | 708,992 |
| Kanal 31 / Ton 1 | 556,750 | Kanal 51 / Ton 1 | 716,750 |
| Kanal 31 / Ton 2 | 556,992 | Kanal 51 / Ton 2 | 716,992 |
| Kanal 32 / Ton 1 | 564,750 | Kanal 52 / Ton 1 | 724,750 |
| Kanal 32 / Ton 2 | 564,992 | Kanal 52 / Ton 2 | 724,992 |
| Kanal 33 / Ton 1 | 572,750 | Kanal 53 / Ton 1 | 732,750 |
| Kanal 33 / Ton 2 | 572,992 | Kanal 53 / Ton 2 | 732,992 |
| Kanal 34 / Ton 1 | 580,750 | Kanal 54 / Ton 1 | 740,750 |
| Kanal 34 / Ton 2 | 580,992 | Kanal 54 / Ton 2 | 740,992 |
| Kanal 35 / Ton 1 | 588,750 | Kanal 55 / Ton 1 | 748,750 |
| Kanal 35 / Ton 2 | 588,992 | Kanal 55 / Ton 2 | 748,992 |
| Kanal 37 / Ton 1 | 604,750 | Kanal 56 / Ton 1 | 756,750 |
| Kanal 37 / Ton 2 | 604,992 | Kanal 56 / Ton 2 | 756,992 |
| Kanal 38 / Ton 1 | 612,750 | Kanal 57 / Ton 1 | 764,750 |
| Kanal 38 / Ton 2 | 612,992 | Kanal 57 / Ton 2 | 764,992 |
| Kanal 39 / Ton 1 | 620,750 | Kanal 58 / Ton 1 | 772,750 |
| Kanal 39 / Ton 2 | 620,992 | Kanal 58 / Ton 2 | 772,992 |
| Kanal 40 / Ton 1 | 628,750 | Kanal 59 / Ton 1 | 780,750 |
| Kanal 40 / Ton 2 | 628,992 | Kanal 59 / Ton 2 | 780,992 |
| Kanal 41 / Ton 1 | 636,750 | Kanal 60 / Ton 1 | 788,750 |
| Kanal 41 / Ton 2 | 636,992 | Kanal 60 / Ton 2 | 788,992 |

# UKW-Amateurfunk

Der UKW-Amateurfunk erfreut sich schon seit Jahren einer wachsenden Beliebtheit unter den Funkamateuren. Einerseits hat man die Möglichkeit, mit der vereinfachten Amateurfunk-Lizenzprüfung der Klasse C (ohne Morsen) die Funklizenz für den UKW-Bereich zu bekommen. Viele Amateurfunk-Interessenten, die keine weltweiten Funkambitionen verspüren und/oder das Morsen scheuen, ergreifen diese Chance.

Andererseits bringt die Industrie eine solche Vielzahl von immer besseren und immer kleineren UKW-Funkgeräten auf den Markt, daß auch die Funkamateure mit der „großen" Lizenz den UKW-Funk nutzen, sei es mit einem „Mobil"-Funkgerät im Auto oder mit einem „Portable"-Handsprechfunkgerät in der Jackentasche.

## Die legale Möglichkeit, privat UKW-Sprechfunk zu hören oder selbst am UKW-Sprechfunk teilzunehmen

Der UKW-Amateurfunk darf als einziger Funkdienst ohne Genehmigung abgehört werden (sieht man einmal vom Rundfunk und vom CB-Funk ab). Das Abhören aller anderen Funkdienste ist verboten, bzw. nur den betreffenden Teilnehmern mit entsprechender Genehmigung oder Lizenz gestattet. Auch wer selbst am UKW-Sprechfunk teilnehmen möchte, einfach aus Freude am Funken, hat nur innerhalb des Amateurfunkdienstes dazu die Möglichkeit. Es sei auch an dieser Stelle nochmals ausdrücklich vor dem unberechtigten Empfangen bzw. Senden gewarnt!

Wer privat Sprechfunk betreiben möchte, sollte sich um den Erwerb der Amateurfunk-C-Lizenz bemühen. Mit etwas Interesse an der Funktechnik müßte die Prüfung ohne große Mühe zu bestehen sein. Eine weitere, jedoch recht unbefriedigende Funk-Möglichkeit bietet der CB-Funk, an dem jeder teilnehmen darf.

## Frequenzbereiche im UKW-Amateurfunk

Für den Amateurfunkdienst über 30 MHz sind verschiedene Bereiche vorgesehen. Der übliche UKW-Amateurfunk spielt sich hauptsächlich im 2-Meter-Band (VHF) und im 70-Zentimeter-Band (UHF) ab. Verstärkte Aktivitäten sind jetzt auch im 23-Zentimeter-Band (SHF) zu verzeichnen.

Die Frequenzen:

| | |
|---|---|
| 2-m-Band (VHF): | 144 – 146 MHz |
| 70-cm-Band (UHF): | 430 – 440 MHz |
| 23-cm-Band (SHF): | 1240 – 1300 MHz |

Hingewiesen sei hier auch auf die beiden Amateurfunkbereiche 50 und 70 MHz, für die es Einschränkungen gibt:

| | | |
|---|---|---|
| 50-MHz-Bereich: | 50 – 54 | MHz |
| 70-MHz-Bereich: | 70 – 70,5 | MHz |

Darüber sind bis weit in den Gigahertzbereich hinein verschiedene Teilbereiche für den Amateurfunkdienst reserviert:

| | |
|---|---|
| 2320 – 2450 MHz | 10,0 – 10,5 GHz |
| 3400 – 3475 MHz | 24,0 – 24,25 GHz |
| 5650 – 5850 MHz | |

Die Bereiche im Gigahertzspektrum spielen im Amateurfunk eine untergeordnete Rolle und dienen zur Zeit hauptsächlich zu Experimentierzwecken von ausgesprochenen UHF-Spezialisten.

## Betriebsarten beim UKW-Amateurfunk

Im Amateurfunk werden sämtliche Betriebsarten ausprobiert und genutzt, von der Morsetelegraphie über Packet-Radio-Datenübertragung bis hin zum ATV-Fernsehen. Hauptsächlich wird aber auf UKW Sprechfunk in FM-schmal betrieben, seltener in SSB (z.B. im 6-m-Band oder bei Satellitenverbindungen).

## Amateurfunk-Bandeinteilung 6-m-Band (50 MHz) und 70 MHz.

Das 6-m-Band von 50 bis 54 MHz ist für den Amateurfunk zur Nutzung mit Sondergenehmigung bis auf weiteres gestattet. Zugelassen sind hier nur die Betriebsarten CW und SSB-Sprechfunk ohne Relais.

| | |
|---|---|
| 50,020 – 50,080 | Baken |
| 50,080 – 50,100 | CW |
| 50,100 – 50,400 | CW/SSB |
| 50,110 | DX-Anruffrequenz |
| 50,200 | SSB-Anruffrequenz |

Das in Großbritannien zugelassene 70-MHz-Band von 70 bis 70,5 MHz darf in Deutschland von Funkamateuren lediglich empfangen werden. Sendebetrieb ist hier nicht gestattet.

| | |
|---|---|
| 70,025 – 70,075 | Baken |
| 70,075 – 70,260 | CW/SSB |
| 70,200 | SSB-Anruffrequenz |
| 70,260 – 70,400 | alle Betriebsarten |
| 70,260 | Anruffrequenz Mobil |
| 70,400 – 70,500 | FM Simplexverkehr |
| 70,450 | Anruffrequenz |

CW = Morse-Telegrafie
SSB = Einseitenbandmodulation
FM = Frequenzmodulation
DX = Fernverkehr

### Wichtiger Hinweis: Karte der UKW-Amateurfunk-Relaisfunkstellen in Deutschland

Als Extra-Service für die Leser dieses Buches bieten wir eine Deutschland-Karte an, in der alle UKW-Amateurfunk-Relaisfunkstellen verzeichnet sind, und zwar mit Standort und Kanalangaben. Sie können anhand dieser Karte für jeden beliebigen Standort schnell sehen, welche Relaisstationen in der Nähe arbeiten und gehört werden können.
Fordern Sie diese Karte unter dem Stichwort „Amateurfunk-Relais-Karte" beim Siebel Verlag (Adresse siehe letzte Seite) an und legen Sie bitte Rückporto in Briefmarken (4 x 1,– DM) bei.

## Amateurfunk-Bandeinteilung 2 m / 70 cm / 23 cm

Die Amateurfunkbänder wurden in Teilbereiche eingeteilt, um die verschiedenen Betriebsarten, die im Amateurfunk möglich sind, zu trennen. Damit soll ein möglichst störungsfreier Betrieb gewährleistet werden. Sie finden nachfolgend die Bandeinteilung für das 2-m-Band, für das 70-cm-Band und für das 23-cm-Band, soweit diese für den Sprechfunk interessant ist. Die Funkamateure arbeiten im Sprechfunk üblicherweise auch mit einem Kanalraster (Kanalabstand 25 kHz).

| | |
|---|---|
| 144,000 – 144,150 | CW |
| 144,150 | Funkbaken |
| 144,150 – 144,500 | SSB |
| 144,300 | SSB-Anruffrequenz |
| 144,500 – 144,845 | alle Betriebsarten |
| 144,845 – 144,990 | Funkbaken |
| 145,000 – 145,200 | FM / Relais-Ansprechfrequenzen |
| 145,225 – 145,575 | FM Simplexverkehr |
| 145,500 | FM-Mobil-Anruffrequenz |
| 145,600 – 145,800 | FM / Relais-Sendefrequenzen |
| 145,800 – 146,000 | Satellitenbetrieb |
| | |
| 430,000 – 430,975 | alle Betriebsarten |
| 431,050 – 431,825 | FM / Relais-Ansprechfrequenzen |
| 432,000 – 432,150 | CW (DX) |
| 432,150 – 432,500 | CW/SSB (DX) |
| 433,000 – 435,000 | alle Betriebsarten |
| 433,500 | FM-Anruffrequenz |
| 435,000 – 438,000 | Satellitenbetrieb |
| 438,575 – 439,425 | FM / Relais-Sendefrequenzen |
| 439,425 – 440,000 | alle Betriebsarten |
| | |
| 1257,000 – 1260,000 | alle Betriebsarten |
| 1258,150 – 1259,350 | FM / Relais-Sendefrequenzen |
| 1293,150 – 1294,350 | FM / Relais-Anruffrequenzen |
| 1296,000 – 1297,000 | DX (verschiedene Betriebsarten) |
| 1297,500 – 1297,975 | FM Simplexverkehr |
| 1298,000 – 1300,000 | alle Betriebsarten |

## UKW-Amateurfunk – nur für den Nahverkehr?

Wie bei allen anderen UKW-Funkdiensten ist die Reichweite eines UKW-Senders etwa auf die optische Ausbreitungszone beschränkt. Je nach Standort hat man eine Reichweite von einigen Kilometern bis hin zu vielleicht 30 bis 50 Kilometern (in der Ebene). Bei einem exponierten Standort, etwa von einer Bergspitze oder von einem hohen Gebäude, kann man natürlich größere Reichweiten erzielen.

Darüber hinaus gibt es die Möglichkeit, mit dem Umweg über einen Amateurfunk-Satelliten (OSCAR) wesentlich größere Reichweiten zu erzielen und sogar interkontinentale Verbindungen auf UKW herzustellen.

Immer wieder treten auch sogenannte troposphärische Überreichweiten auf, die beim Auf- und Abbau ausgedehnter Hochdruckgebiete entstehen können. In solchen Ausnahmesituationen lassen sich mit ganz normalen Funkgeräten Reichweiten von 1000 Kilometern und mehr ermöglichen. Es handelt sich dabei um den gleichen Effekt, der auch die Störungen durch Überreichweiten im Fernsehempfang entstehen läßt.

## Relaissender für den UKW-Amateurfunk

Eine wesentliche Verbesserung der Reichweite im UKW-Amateurfunk läßt sich durch die Benutzung einer Relaisstation erreichen. Die Funkamateure haben in eigener Regie ein dichtes Netz von Amateurfunk-Relaisstationen errichtet. Diese Relaisstationen sind unbemannte, automatisch arbeitende Funkstationen, die Tag und Nacht in Betrieb sind. Sie werden auf besonders günstigen Standorten errichtet, z.B. auf Berggipfeln, hohen Gebäuden o.ä., um eine möglichst große Reichweite zu gewährleisten. Zudem arbeiten die Relaissender gegenüber den gängigen Hand- und Mobilfunkgeräten mit höheren Sendeleistungen, was sich ebenfalls auf die Reichweite auswirkt.

Eine Relaisstation besteht immer aus einer Empfänger-Sender-Kombination. Will nun ein Funkamateur über ein Relais arbeiten, muß er auf der Ansprechfrequenz des Relais senden und den Relaissender mittels Tonrufsignal aktivieren. Die Sendung wird dann vom Relais auf der einen Frequenz aufgenommen und auf einer anderen Sendefrequenz wieder abgestrahlt. Daher auch der Name „Umsetzer".

Mit Hilfe eines Relais ist der Funkamateur in der Lage, zum Beispiel einen Hobbykollegen auf der anderen Seite eines Berges zu erreichen, mit dem er auf direktem Weg keinen Funkkontakt bekommen könnte. Noch interessanter ist die Möglichkeit, daß man je nach Standort des benutzen Relaissenders mühelos Reichweiten von einigen Hundert Kilometern überbrücken kann.

Die Relaisstationen des Amateurfunkdienstes werden hauptsächlich im 2-m-Band und im 70-cm-Band betrieben, zunehmend aber auch im 23-cm-Band. Für die Ansprech- und Sendefrequenzen dieser Umsetzer sind bestimmte Kanalbereiche innerhalb der Bänder vorgesehen. Im Anschluß finden Sie eine Aufstellung dieser Relais-Frequenzen. Außerdem schließt sich ein Verzeichnis der Amateurfunk-Relaisstationen an.

*Das Mobilfunkgerät Standard C-5608D von Ricofunk beinhaltet als Zweibandgerät zwei komplette und voneinander unabhängige Transceiver für das 2-m- und 70-cm-Amateurfunk-Band. Die Sendeleistung kann bis 50 W betragen. (Foto: Stabo Ricofunk)*

**Kanal- und Frequenztabelle für Amateurfunk-Relais im 2-m-Band (VHF)**

| Kanal | Ansprechfrequenz der Relaisstation (MHz) | Sendefrequenz der Relaisstation (MHz) |
|---|---|---|
| R 0 | 145,000 | 145,600 |
| R 1 | 145,025 | 145,625 |
| R 2 | 145,050 | 145,650 |
| R 3 | 145,075 | 145,675 |
| R 4 | 145,100 | 145,700 |
| R 5 | 145,125 | 145,725 |
| R 6 | 145,150 | 145,750 |
| R 7 | 145,175 | 145,775 |
| R 8* | 145,200 | 145,800 |

* bis auf weiteres

Hinweis: Relaisfunkstellen, die mit einem ergänzenden X gekennzeichnet sind, arbeiten mit einem Frequenzoffset von 12,5 kHz (Beispiel: R0X: 145,0125/145,6125 MHz).

## Erläuterung zu den Kanaltabellen

Bei den Relaisfrequenzen in den drei Tabellen ist jeweils die erste Frequenz die Ansprechfrequenz der Relaisfunkstelle und damit die Sendefrequenz der Mobil- oder Feststation.

Die zweite Frequenz ist die Sendefrequenz der Relaisfunkstelle und damit die Empfangsfrequenz der Mobil- oder Feststation.

## Kanal- und Frequenztabelle für Amateurfunk-Relais im 70-cm-Band (UHF)

| Kanal | Ansprechfrequenz der Relaisstation (MHz) | Sendefrequenz der Relaisstation (MHz) |
|---|---|---|
| R 70 | 431,050 | 438,650 |
| R 71 | 431,075 | 438,675 |
| R 72 | 431,100 | 438,700 |
| R 73 | 431,125 | 438,725 |
| R 74 | 431,150 | 438,750 |
| R 75 | 431,175 | 438,775 |
| R 76 | 431,200 | 438,800 |
| R 77 | 431,225 | 438,825 |
| R 78 | 431,250 | 438,850 |
| R 79 | 431,275 | 438,875 |
| R 80 | 431,300 | 438,900 |
| R 81 | 431,325 | 438,925 |
| R 82 | 431,350 | 438,950 |
| R 83 | 431,375 | 438,975 |
| R 84 | 431,400 | 439,000 |
| R 85 | 431,425 | 439,025 |
| R 86 | 431,450 | 439,050 |
| R 87 | 431,475 | 439,075 |
| R 88 | 431,500 | 439,100 |
| R 89 | 431,525 | 439,125 |
| R 90 | 431,550 | 439,150 |
| R 91 | 431,575 | 439,175 |
| R 92 | 431,600 | 439,200 |
| R 93 | 431,625 | 439,225 |
| R 94 | 431,650 | 439,250* |
| R 95 | 431,675 | 439,275* |
| R 96 | 431,700 | 439,250* |
| R 97 | 431,725 | 439,325 |
| R 98 | 431,750 | 439,350 |
| R 99 | 431,775 | 439,375 |
| R 100 | 431,800 | 439,400 |
| R 101 | 431,825 | 439,425 |

YAESU
UHF
FM HANDIE TRANSCEIVER
FT-816
BUSY TX
DTMF
CALL
TONE 1
T SET 2
LOW 3
SAVE 4
LOCK 5
RPT 6
STEP 7
VOX 8
REV 9
SKIP MR
SET 0
PRI VFO
MHz
CODE
PAGE
SQL
VOL
DIAL
P05

| **Kanal- und Frequenztabelle für Amateurfunk-Relais im 23-cm-Band (SHF) nach alter Norm** | | |
|---|---|---|
| **Kanal** | **Ansprechfrequenz der Relaisstation (MHz)** | **Sendefrequenz** |
| R 20 | 1293,150 | 1258,150 |
| R 21 | 1293,225 | 1258,225 |
| R 22 | 1293,300 | 1258,300 |
| R 23 | 1293,375 | 1258,375 |
| R 24 | 1293,450 | 1258,450 |
| R 25 | 1293,525 | 1258,525 |
| R 26 | 1293,600 | 1258,600 |
| R 27 | 1293,675 | 1258,675 |
| R 28 | 1293,750 | 1258,750 |
| R 29 | 1293,825 | 1258,825 |
| R 30 | 1293,900 | 1258,900 |
| R 31 | 1293,975 | 1258,975 |
| R 32 | 1294,050 | 1259,050 |
| R 33 | 1294,125 | 1259,125 |
| R 34 | 1294,200 | 1259,200 |
| R 35 | 1294,275 | 1259,275 |
| R 36 | 1294,350 | 1259,350 |
| R xxS | SONDERABLAGE TX: | -28 MHz |

*In ansprechendem Design und noch handlicher als die Vorgänger präsentiert sich das Handsprechfunkgerät FT-816 von Yaesu. Mit dem integrierten DTMF-System lassen sich sogar andere Stationen gezielt rufen oder Fensterfunktionen auslösen. Die Sendeleistung beträgt bis zu 5 Watt für das 2-m- bzw. 70-cm-Band. (Foto: Stabo Ricofunk)*

| Kanal- und Frequenztabelle für Amateurfunk-Relais im 23-cm-Band (SHF) nach neuer Norm | | |
|---|---|---|
| **Kanal** | **Ansprechfrequenz der Relaisstation (MHz)** | **Sendefrequenz** |
| RS 08 | 1270,200 | 1298,200<br>1242,200 |
| RS 09 | 1270,225 | 1298,225<br>1242,225 |
| RS 10 | 1270,250 | 1298,250<br>1242,250 |
| RS 11 | 1270,275 | 1298,275<br>1242,275 |
| RS 12 | 1270,300 | 1298,300<br>1242,300 |
| RS 13 | 1270,325 | 1298,325<br>1242,325 |
| RS 14 | 1270,350 | 1298,350<br>1242,350 |
| RS 15 | 1270,375 | 1298,375<br>1242,375 |
| RS 16 | 1270,400 | 1298,400<br>1242,400 |
| RS 17 | 1270,425 | 1298,425<br>1242,425 |
| RS 18 | 1270,450 | 1298,450<br>1242,450 |
| RS 19 | 1270,475 | 1298,475<br>1242,475 |
| RS 20 | 1270,500 | 1298,500<br>1242,500 |

| Kanal | Ansprechfrequenz der Relaisstation (MHz) | Sendefrequenz |
|---|---|---|
| RS 21 | 1270,525 | 1298,525<br>1242,525 |
| RS 22 | 1270,550 | 1298,550<br>1242,550 |
| RS 23 | 1270,575 | 1298,575<br>1242,575 |
| RS 24 | 1270,600 | 1298,600<br>1242,600 |
| RS 25 | 1270,625 | 1298,625<br>1242,625 |
| RS 26 | 1270,650 | 1298,650<br>1242,650 |
| RS 27 | 1270,675 | 1298,675<br>1242,675 |
| RS 28 | 1270,700 | 1298,700<br>1242,700 |

Hinweis: Welche der beiden jeweils möglichen Sendefrequenzen benutzt wird, hängt von der Koordination mit Digipeatern im gleichen Frequenzbereich ab.

| | | |
|---|---|---|
| R 12 | 2321,400 | 2366,400 |
| R 13 | 2321,450 | 2366,450 |
| R 14 | 2321,500 | 2366,500 |
| RG 3 | 10353,00 | 10383,00 |

## Verzeichnis der Amateurfunk-Relaisstationen

Sortiert nach Kanälen finden Sie hier die Liste aller deutschen Amateurfunk-Relaisstationen. Neben der Kanalnummer finden Sie die dazugehörige Relais-Ausgabefrequenz. Außer dem Rufzeichen (es beginnt immer mit DB 0 ...) finden Sie auch die Angabe des Standorts als IARU-Locator. Auf einer IARU-Locator-Karte läßt sich damit jeder Standort sehr schnell finden. (Eine solche Karte gibt es zum Beispiel beim DARC-Verlag.)

Hier aufgeführt sind ausschließlich reine Sprechfunk-Relais. Relais für Fernschreiben (RTTY), Datenübertragungen, Amateurfunk-Fernsehen (ATV) u.ä. sind nicht aufgelistet. Mit aufgeführt sind auch solche Relaisstationen, die zeitweise außer Betrieb sind oder demnächst in Betrieb gehen sollen.

Wir danken dem VHF/UHF/SHF-Referat des DARC e.V. ausdrücklich für die Zurverfügungstellung der aktuellen Daten.

In Klammern (mit →) geben wir an, auf welchem Band das betreffende Relais zukünftig arbeiten soll.

### Relais im 2-m-Band (VHF)

**Kanal R0 (145,600 MHz)**

| | | | |
|---|---|---|---|
| R0 | DB 0 SP | Berlin-Spandau | JO 62 QM |
| R0 | DB 0 WC | Bremerhaven | JO 43 GN |
| R0 | DB 0 UF | Feldberg/Taunus | JO 40 FF |
| R0 | DB 0 SH | Flensburg | JO 44 QS |
| R0 | DB 0 GLZ | Görlitz | JO 71 LD |
| R0 | DB 0 UH | Hagen | JO 31 RI |
| R0 | DB 0 XF | Holledau | JN 58 TN |
| R0 | DB 0 QB | Konstanz-Stadt | JN 47 OP |
| R0 | DB 0 YN | Lindua-Northeim/Hann. | JO 51 AQ |
| R0 | DB 0 YY | Ludwigsburg | JN 48 OV |
| R0 | DB 0 ZL | Lüchow/Elbe | JO 53 KB |
| R0 | DB 0 ZB | Ochsenkopf | JO 50 VA |
| R0 | DB 0 SR | Saarbrücken/Holz | JN 39 MI |
| R0X | DB 0 YB | Bad Hersfeld | JO 40 VU |
| R0X | DB 0 WX | Triberg | JN 48 DC |

**Kanal R1 (145,625 MHz)**

| | | | |
|---|---|---|---|
| R1 | DB 0 ZA | Aschberg (Rendsburg) | JO 44 UK |
| R1 | DB 0 UB | Bamberg | JN 59 MU |
| R1 | DB 0 YL | Berlin-Tiergarten | JO 62 QM |
| R1 | DB 0 WU | Bremen | JO 43 JB |
| R1 | DB 0 WT | Detmold/Bielstein | JO 41 JV |
| R1 | DB 0 MGG | Drei-Annen-Hohne | JO 51 IT |
| R1 | DB 0 WW | Duisburg | JO 31 JK |
| R1 | DB 0 ZH | Heidelberg | JN 49 IJ |
| R1 | DB 0 WV | Höchsten/Friedrichshafen | JN 47 QT |
| R1 | DB 0 OBL | Kottmar/Ostsachsen | JO 71 HA |
| R1 | DB 0 XS | Merzig/Saar | JN 39 FM |
| R1 | DB 0 NBG | Neubrandenburg | JO 63 PN |
| R1 | DB 0 ANA | Pöhlberg | JO 60 MN |
| R1 | DB 0 WB | Winterberg/Waldkraiburg | JN 68 EE |
| R1X | DB 0 UA | Augsburg | JN 58 LI |

**Kanal R2 (145,650 MHz)**

| | | | |
|---|---|---|---|
| R2 | DB 0 XA | Cuxhaven | JO 43 HU |
| R2 | DB 0 WE | Essen | JO 31 LJ |
| R2 | DB 0 XM | Hoher Meißner | JO 41 WF |
| R2 | DB 0 WY | Lübbecke | JO 42 FG |
| R2 | DB 0 UN | Nürnberg-Stadt | JN 59 ML |
| R2 | DB 0 WN | Ochsenwang | JN 48 SN |
| R2 | DB 0 UP | Pforzheim | JN 48 JV |
| R2 | DB 0 VP | Pirmasens | JN 39 TE |
| R2 | DB 0 PCK | Schwedt/Oder | JO 73 BD |
| R2 | DB 0 SWO | Schwerin | JO 53 QP |
| R2 | DB 0 YS | Siegen | JO 40 AX |
| R2 | DB 0 SHL | Suhl-Stadt/Ringberghaus | JO 50 IO |

**Kanal R3 (145,675 MHz)**

| | | | |
|---|---|---|---|
| R3 | DB 0 XN | Bredstedt-Bordelum | JO 44 LP |
| R3 | DB 0 YC | Cham | JN 69 JB |
| R3 | DB 0 DD | Dresden-Klotzsche | JO 61 VC |
| R3 | DB 0 WEI | Ettersberg/Weimar | JO 51 PA |
| R3 | DB 0 WS | Goslar-Steinberg | JO 51 FV |

| | | | | |
|---|---|---|---|---|
| R3 | DB 0 HGW | Greifswald | | JO 64 QC |
| R3 | DB 0 YH | Höchenschwand/Schwarzwald | | JN 47 CR |
| R3 | DB 0 SD | Idar-Oberstein | | JN 39 QQ |
| R3 | DB 0 UK | Karlsruhe | | JN 48 EX |
| R3 | DB 0 VR | Nordhelle/Sauerland | | JO 31 VD |
| R3 | DB 0 UO | Oldenburg | | JO 43 AE |
| R3 | DB 0 PDM | Potsdam | | JO 62 MI |
| R3 | DB 0 TF | Ulm | | JN 48 XJ |
| R3 | DB 0 WZ | Würzburg | | JN 49 WS |
| R3X | DB 0 LDB | Backnang | | JN 49 SB |

**Kanal R4 (145,700 MHz)**

| | | | | |
|---|---|---|---|---|
| R4 | DB 0 XB | Bäderstraße/Ostsee | | JO 54 JA |
| R4 | DB 0 RH | Bergen/Celle | | JO 42 WU |
| R4 | DB 0 SB | Bonn | | JO 30 OQ |
| R4 | DB 0 UC | Coburg | | JO 50 LG |
| R4 | DB 0 JLF | Gehren | | JO 61 TS |
| R4 | DB 0 XK | Kalmit | | JN 49 BH |
| R4 | DB 0 SL | Landau/Deggendorf | | JN 68 MU |
| R4 | DB 0 WO | Leer/Ostfriesland | (→R1X) | JO 333 SF |
| R4 | DB 0 WM | Münster | | JO 31 UW |
| R4 | DB 0 XU | Rimberg | | JO 40 ST |
| R4X | DB 0 XR | Dreiländereck/Lörrach | | JN 37 WR |
| R4X | DB 0 MGD | Magdeburg | | JO 52 TC |
| R4X | DB 0 ZW | Weiden | | JN 69 EQ |

**Kanal R5 (145,725 MHz)**

| | | | | |
|---|---|---|---|---|
| R5 | DB 0 BRL | Berlin | | JO 62 SM |
| R5 | DB 0 XY | Bocksberg/Harz | | JO 51 EU |
| R5 | DB 0 ZR | Dortmund | | JO 31 SL |
| R5 | DB 0 QW | Hamburg-Ost | | JO 53 DL |
| R5 | DB 0 ZK | Koblenz | | JO 30 SH |
| R5 | DB 0 SM | Meppen | | JO 32 QS |
| R5 | DB 0 THA | Schmücke | | JO 50 JP |
| R5 | DB 0 ZU | Zugspitze | | JN 57 LK |
| R5X | DB 0 YK | Homburg-Bexb./Höchen | | JN 39 PJ |
| R5X | DB 0 WIT | Wittstock-Pritzwalk | | JO 63 CD |

**Kanal R6 (145,750 MHz)**

| | | | | |
|---|---|---|---|---|
| R6 | DB 0 XO | Bergheim | | JO 30 IX |
| R6 | DB 0 WF | Berlin (Kudamm-Kar.) | (→R2) | JO 62 PM |
| R6 | DB 0 ZO | Döhrenberg/Osnabrück | | JO 42 BE |
| R6 | DB 0 VF | Frankfurt-Stadt | | JO 40 ID |
| R6 | DB 0 UE | Fulda | | JO 40 UO |
| R6 | DB 0 YJ | Göttingen | | JO 41 XM |
| R6 | DB 0 XH | Hamburg-Mitte | | JO 43 XN |
| R6 | DB 0 WH | Hannover | | JO 42 XC |
| R6 | DB 0 ZF | Kaiserstuhl/Freiburg | | JN 38 UB |
| R6 | DB 0 WK | Konstanz/Sipplinger Berg | | JN 47 NT |
| R6 | DB 0 ZM | München-Stadt | | JN 58 RE |
| R6 | DB 0 ZN | Nürnberg-Moritzberg | | JN 59 PL |
| R6 | DB 0 HAL | Petersberg/Halle/Saale | | JO 51 XN |
| R6 | DB 0 TK | Regensburg | | JN 69 BB |
| R6 | DB 0 ROS | Rostock | | JO 64 AD |
| R6 | DB 0 WR | Stuttgart | | JN 48 QS |

**Kanal R7 (145,775 MHz)**

| | | | | |
|---|---|---|---|---|
| R7 | DB 0 VQ | Bad Bentheim | | JO 32 OH |
| R7 | DB 0 VB | Böllstein | | JN 49 LR |
| R7 | DB 0 XC | Elm | | JO 52 JF |
| R7 | DB 0 UT | Erbeskopf/Trier | | JN 39 NR |
| R7 | DB 0 FRO | Frankfurt/Oder | (→R3X) | JO 72 GI |
| R7 | DB 0 WG | Göppingen | | JN 48 WQ |
| R7 | DB 0 XG | Greding | | JN 59 QB |
| R7 | DB 0 HEI | Heide/Holstein | | JO 44 NE |
| R7 | DB 0 XW | Hohenkirchen/Friesland | | JO 33 VN |
| R7 | DB 0 XE | Kassel | | JO 41 QH |
| R7 | DB 0 VK | Köln-Stadt | | JO 30 LW |
| R7 | DB 0 WL | Lahr | | JN 38 WI |
| R7 | DB 0 LEI | Leipzig | | JO 61 EI |
| R7 | DB 0 YA | Marktredwitz | | JO 60 BA |
| R7X | DB 0 DBD | Brandenburg | | JO 62 HK |

**Kanal R8 (145,800 MHz)**

| | | | | |
|---|---|---|---|---|
| R8 | DB 0 WA | Aachen | (→R7X) | JO 30 BS |
| R8 | DB 0 WD | Deister | (→R7X) | JO 42 SG |
| R8 | DB 0 VD | Melibokus/Darmstadt | (→R2X) | JN 49 HR |

## Relais im 70-cm-Band (UHF)

**Kanal R70 (438,650 MHz)**

| | | | |
|---|---|---|---|
| R70 | DB 0 YV | Bad Tölz | JN 57 RS |
| R70 | DB 0 DS | Dortmund | JO 31 RL |
| R70 | DB 0 FFO | Eisenhüttenstadt | JO 72 GD |
| R70 | DB 0 SS | Heilbronn | JN 49 OD |
| R70 | DB 0 UZ | Lüchow/Elbe | JO 53 KB |
| R70 | DB 0 MHL | Mühlhausen | JO 51 FF |
| R70 | DB 0 VN | Nürnberg-Schmausenbruck | JN 59 NK |
| R70 | DB 0 OO | Oldenburg | JO 43 CF |
| R70 | DB 0 VKS | Völklingen | JN 39 KG |
| R70 | DB 0 UJ | Wetzlar-Gießen | JO 40 GP |
| R70 | DB 0 WLG | Wolgast/Usedom | JO 64 TA |

**Kanal R71 (438,675 MHz)**

| | | | |
|---|---|---|---|
| R71 | DB 0 AO | Augsburg | JN 58 KI |
| R71 | DB 0 OI | Braunschweig | JO 52 FG |
| R71 | DB 0 RB | Bruchsal | JN 49 HC |
| R71 | DB 0 EG | Coesfeld/Schöppingen | JO 32 OC |
| R71 | DB 0 NU | Haßberge/Altenstein | JO 50 JE |
| R71 | DB 0 KFA | Kiel-Stadt | JO 54 BH |
| R71 | DB 0 MN | Mayen | JO 30 OI |
| R71 | DB 0 MSP | Neustrelitz | JO 63 MI |
| R71 | DB 0 SAX | Oschatz | JO 61 MH |
| R71 | DB 0 BW | Passau | JN 68 RN |

**Kanal R72 (438,700 MHz)**

| | | | |
|---|---|---|---|
| R72 | DB 0 CSD | Chemnitz | JO 60 LT |
| R72 | DB 0 UD | Duisburg | JO 31 JK |
| R72 | DB 0 YG | Göttingen | JO 41 XN |
| R72 | DB 0 XI | Hamburg-Mitte | JO 43 XN |
| R72 | DB 0 TR | Hochries/Rosenheim | JN 67 CU |

| | | | |
|---|---|---|---|
| R72 | DB 0 WJ | Konstanz/Sipplinger Berg | JN 47 NT |
| R72 | DB 0 XT | Merzig/Saar | JN 39 FM |
| R72 | DB 0 OX | Norden | JO 33 OO |
| R72 | DB 0 SZ | Schauinsland/Fraiburg | JN 37 WW |
| R72 | DB 0 WP | Stuttgart | JN 48 QS |

**Kanal R73 (438,725 MHz)**

| | | | |
|---|---|---|---|
| R73 | DB 0 BC | Berlin | JO 62 PM |
| | | (2. Ein- und Ausgabe auf 144.485 MHz in SSB) | |
| R73 | DB 0 CY | Bocksberg/Harz | JO 51 EU |
| R73 | DB 0 BNV | Bremen/Vegesack-Aumund | JO 43 HE |
| R73 | DB 0 RZ | Donau-Bussen | JN 48 SE |
| R73 | DB 0 ND | Donnersberg | JN 39 VP |
| R73 | DB 0 EY | Kronach | JO 50 PG |
| R73 | DB 0 AK | Siegen | JO 40 AX |

**Kanal R74 (438,750 MHz)**

| | | | |
|---|---|---|---|
| R74 | DB 0 DI | Bad Segeberg | JO 53 CX |
| R74 | DB 0 DES | Dessau | JO 61 CU |
| R74 | DB 0 VE | Feldberg/Ts. | JO 40 FF |
| R74 | DB 0 REM | Fellbach/Stuttgart | JN 48 PT |
| R74 | DB 0 ZV | Hagen | JO 31 SI |
| R74 | DB 0 NBB | Neubrandenburg | JO 63 PN |
| R74 | DB 0 TP | Nürnberg-Moritzberg | JN 59 PL |
| R74 | DB 0 YP | Weserbergland/Bad Pyrmont | JO 41 PX |
| R74 | DB 0 RW | Wilhelmshaven | JO 43 BM |
| R74 | DB 0 ZI | Winterberg/Waldkraiburg | JN 68 DE |

**Kanal R75 (438,775 MHz)**

| | | | |
|---|---|---|---|
| R75 | DB 0 RUG | Bergen/Insel Rügen | JO 64 RK |
| R75 | DB 0 TA | Berlin-Funkturm | JO 62 PM |
| R75 | DB 0 CO | Döhrenberg/Osnabrück | JO 42 BE |
| R75 | DB 0 BO | Eßlingen | JN 48 PR |
| R75 | DB 0 IDS | Idstein/Taunus | JO 40 DF |
| R75 | DB 0 NI | Lüneburg | JO 53 FG |
| R75 | DB 0 NJ | München | JN 58 SC |
| R75 | DB 0 TQ | Renchtal | JN 48 AN |

| | | | |
|---|---|---|---|
| R75 | DB 0 QL | Rotenburg | JO 40 XX |
| R75 | DB 0 QA | Würselen | JO 30 BT |

**Kanal R76 (438,800 MHz)**

| | | | |
|---|---|---|---|
| R76 | DB 0 TB | Bielefeld (Örlinghausen) | JO 42 IB |
| R76 | DB 0 TD | Crailsheim | JN 59 BD |
| R76 | DB 0 SJ | Düsseldorf | JO 31 LG |
| R76 | DB 0 XX | Elm | JO 52 JF |
| R76 | DB 0 TC | Freising | JN 58 SK |
| R76 | DB 0 JEH | Herzberg | JO 61 QR |
| R76 | DB 0 RMV | Marlow | JO 64 GD |
| R76 | DB 0 UU | Melibokus/Darmstadt | JN 49 HR |
| R76 | DB 0 VO | Ochsenkopf | JO 50 VA |
| R76 | DB 0 XJ | Stade | JO 43 RO |

**Kanal R77 (438,825 MHz)**

| | | | |
|---|---|---|---|
| R77 | DB 0 QN | Biedenkopf | JO 40 GX |
| R77 | DB 0 BS | Bochum | JO 31 OM |
| R77 | DB 0 OZ | Bremen/Utbremen | JO 43 JC |
| R77 | DB 0 XZ | Flensburg | JO 44 QT |
| R77 | DB 0 REN | Lehesten/Rennsteig/Thür. | JO 50 RK |
| R77 | DB 0 TL | Saarbrücken/Holz | JN 39 MI |
| R77 | DB 0 ODE | Wagenschwend/Odenwald | JN 49 NL |

**Kanal R78 (438,850 MHz)**

| | | | |
|---|---|---|---|
| R78 | DB 0 .. | Cottbus | JO 71 DQ |
| R78 | DB 0 WI | Hamburg-Mitte | JO 43 XO |
| R78 | DB 0 VV | Idar-Oberstein | JN 39 PQ |
| R78 | DB 0 SF | Kaiserstuhl/Freiburg | JN 38 UB |
| R78 | DB 0 TM | Kassel | JO 41 PH |
| R78 | DB 0 WQ | Lübbecke (Wiehengebirge) | JO 42 HH |
| R78 | DB 0 WOL | Magdeburg/Wolmirstedt | JO 52 TC |
| R78 | DB 0 NW | Wesel | JO 31 HP |
| R78 | DB 0 VY | Würzburg | JN 49 WS |
| R78 | DB 0 ZS | Zugspitze | JN 57 MK |

**Kanal R79 (438,875 MHz)**

| | | | |
|---|---|---|---|
| R79 | DB 0 CJ | Amberg | JN 59 WK |
| R79 | DB 0 QH | Arnsberger Wald | JO 41 DJ |
| R79 | DB 0 GL | Bergisch-Gladbach | JO 30 NX |
| R79 | DB 0 QD | Bremen | JO 43 JC |
| R79 | DB 0 DTU | Dresden | JO 61 VA |
| R79 | DB 0 RAM | Friedrichsbrunn/Ramberg | JO 51 MQ |
| R79 | DB 0 GBW | Grabow | JO 53 WH |
| R79 | DB 0 XQ | Karlsbad-Ittersbach | JN 48 HV |
| R79 | DB 0 NQ | Schlüchtern/Schoppenkopf | JO 40 SI |

**Kanal R80 (438,900 MHz)**

| | | | |
|---|---|---|---|
| R80 | DB 0 VT | Bamberg | JN 59 KV |
| R80 | DB 0 .. | Brottewitz | JO 61 OL |
| R80 | DB 0 VS | Feldberg/Schwarzwald | JN 47 AU |
| R80 | DB 0 UW | Goslar/Steinberg | JO 51 FV |
| R80 | DB 0 SO | Koblenz-Boppard | JO 30 SH |
| R80 | DB 0 XL | Lübeck | JO 53 HX |
| R80 | DB 0 HEB | Pasewalk/Helpterberg | JO 63 TL |
| R80 | DB 0 UR | Recklinghausen/Haltern | JO 31 NS |
| R80 | DB 0 RP | Regensburg | JN 69 BA |
| R80 | DB 0 TE | Ulm-West | JN 48 VK |

**Kanal R81 (438,925 MHz)**

| | | | |
|---|---|---|---|
| R81 | DB 0 ZE | Hamburg-Moorfleet | JO 53 BM |
| R81 | DB 0 CH | Hoher Meißner | JO 41 WF |
| R81 | DB 0 QE | Kühnried/Cham | JN 69 IH |
| R81 | DB 0 BP | Ludwigsburg | JN 48 OV |
| R81 | DB 0 VX | Mönchengladbach | JO 31 FF |
| R81 | DB 0 BL | Nördlingen-Hesselberg | JN 59 GB |
| R81 | DB 0 KX | Viersen | JO 31 EH |

**Kanal R82 (438,950 MHz)**

| | | | |
|---|---|---|---|
| R82 | DB 0 BOR | Borken | JO 31 KU |
| R82 | DB 0 SW | Bredstedt-Bordelum | JO 44 LP |
| R82 | DB 0 UX | Durlach | JN 48 FX |
| R82 | DB 0 SE | Gemünd/Eifel | JO 30 FN |

| | | | |
|---|---|---|---|
| R82 | DB 0 HUY | Halberstadt | JO 51 LX |
| R82 | DB 0 UI | Marburg | JO 40 JT |
| R82 | DB 0 VM | München-Stadt | JN 58 RC |
| R82 | DB 0 TI | Reutlingen | JN 48 OL |
| R82 | DB 0 SBB | Scheibenberg | JO 60 KM |
| R82 | DB 0 TJ | Schweinfurt | JO 50 CB |
| R82 | DB 0 SCH | Schwerin | JO 53 QP |
| R82 | DB 0 US | Vechta | JO 42 DQ |

**Kanal R83 (438,975 MHz)**

| | | | |
|---|---|---|---|
| R83 | DB 0 CAL | Calau | JO 61 XR |
| R83 | DB 0 IO | Groß-Umstadt | JN 49 LU |
| R83 | DB 0 ARH | Herrenberg | JN 48 KO |
| R83 | DB 0 QG | Oberpfälzer Wald | JN 69 GK |
| R83 | DB 0 PB | Paderborn/Büren | JO 41 GN |
| R83 | DB 0 SAL | Saalfeld | JO 50 QP |
| R83 | DB 0 TG | Teufelsmoor | JO 43 JF |
| R83 | DB 0 CA | Wuppertal | JO 31 NH |

**Kanal R84 (439,000 MHz)**

| | | | |
|---|---|---|---|
| R84 | DB 0 TN | Brandenkopf/Haslach I.K. | JN 48 CI |
| R84 | DB 0 VH | Hannover | JO 42 XC |
| R84 | DB 0 UL | Kiel | JO 54 BH |
| R84 | DB 0 SK | Köln | JO 30 LW |
| R84 | DB 0 SC | Königshofen/Taubertal | JN 49 TR |
| R84 | DB 0 ZD | Mittagberg/Allgäu | JN 57 CN |
| R84 | DB 0 PD | Münster | JO 31 TW |
| R84 | DB 0 HAB | Petersberg/Halle/Saale | JO 51 XN |
| R84 | DB 0 UQ | Rimberg | JO 40 ST |

**Kanal R85 (439,025 MHz)**

| | | | |
|---|---|---|---|
| R85 | DB 0 QC | Bremerhaven | JO 43 GN |
| R85 | DB 0 EE | Emmerich-Elten | JO 31 CV |
| R85 | DB 0 NY | Gummersbach | JO 31 TB |
| R85 | DB 0 IF | Insel Fehmarn/Puttgarden | JO 54 OM |
| R85 | DB 0 UY | Lichtenfels | JO 50 MD |
| R85 | DB 0 MA | Mannheim | JN 49 GL |

| | | | |
|---|---|---|---|
| R85 | DB 0 UG | Paderborn//Eggegebirge | JO 41 LT |
| R85 | DB 0 CP | Pfaffenhofen a.d. Ilm | JN 58 RM |
| R85 | DB 0 AMK | Stendal/Dequede | JO 52 UT |

**Kanal R86 (439,050 MHz)**

| | | | |
|---|---|---|---|
| R86 | DB 0 SG | Bad Godesberg/Drachenfels | JO 30 OQ |
| R86 | DB 0 SX | Berlin-Kreisel | JO 62 PK |
| R86 | DB 0 SV | Eschwege | JO 51 AE |
| R86 | DB 0 ST | Göppingen | JN 48 WQ |
| R86 | DB 0 QM | Heide/Holstein | JO 44 NE |
| R86 | DB 0 AF | Landau/Deggendorf | JN 68 MU |
| R86 | DB 0 VL | Lingen/Ems | JO 32 SM |
| R86 | DB 0 VW | Wolfsburg | JO 52 JK |
| R86 | DB 0 ZT | Zweibrücken | JN 39 OF |

**Kanal R87 (439,075 MHz)**

| | | | |
|---|---|---|---|
| R87 | DB 0 XP | Deister | JO 42 SH |
| R87 | DB 0 NA | Essen | JO 31 LJ |
| R87 | DB 0 HEL | Insel Helgoland | JO 34 WE |
| R87 | DB 0 CI | Plettenberg/Balingen | JN 48 JF |
| R87 | DB 0 FB | Sandkopf/Trier | JN 39 MQ |
| R87 | DB 0 PM | Schliersee | JN 57 VT |
| R87 | DB 0 CM | Seligenstadt | JO 40 LA |
| R87 | DB 0 RQ | Stiftland | JN 69 ES |
| R87 | DB 0 WOF | Wolfen | JO 61 DQ |

**Kanal R88 (439,100 MHz)**

| | | | |
|---|---|---|---|
| R88 | DB 0 NO | Bergheim | JO 30 IX |
| R88 | DB 0 PC | Bungsberg | JO 54 IF |
| R88 | DB 0 BLH | Eisleben/Mansfeld | JO 51 RM |
| R88 | DB 0 PL | Herten/Westerholt | JO 31 NO |
| R88 | DB 0 ZP | Linsburg/Hannover | JO 42 PN |
| R88 | DB 0 AV | Rosenheim | JN 67 BU |
| R88 | DB 0 IW | Schotten/Vogelsberg | JO 40 OM |
| R88 | DB 0 NZ | Tübingen | JN 48 MN |

**Kanal R89 (439,125 MHz)**

| | | | |
|---|---|---|---|
| R89 | DB 0 NX | Altena | JO 31 TH |
| R89 | DB 0 GJ | Erlangen | JN 59 MO |
| R89 | DB 0 RO | Landau/Pfalz | JN 39 VH |
| R89 | DB 0 HT | Tostedt | JO 43 UG |
| R89 | DB 0 AKO | Traunstein | JN 67 HT |
| R89 | DB 0 KE | Wächtersbach/Kinzigtal | JO 40 OE |
| R89 | DB 0 EOO | Witthoh/Tuttlingen | JN 47 KX |

**Kanal R90 (439,150 MHz)**

| | | | |
|---|---|---|---|
| R90 | DB 0 LN | Bitburg/Pützhöhe/Eifel | JO 30 GA |
| R90 | DB 0 NAI | Döbraberg/Frankenwald | JO 50 TG |
| R90 | DB 0 LR | Marl-Hüls | JO 31 NQ |
| R90 | DB 0 NDR | Neuburg/Donau | JN 58 NT |
| R90 | DB 0 NP | Sinsheim/Kraichgau | JN 49 KF |
| R90 | DB 0 NN | Verden/Aller | JO 42 OW |

**Kanal R91 (439,175 MHz)**

| | | | |
|---|---|---|---|
| R91 | DB 0 PJ | Bremervörde | JO 43 ML |
| R91 | DB 0 AC | Kronburg/Memmingen | JN 57 CW |
| R91 | DB 0 PCH | Leppin | JO 53 WH |
| R91 | DB 0 YE | Lörrach/Blauen | JN 37 VS |
| R91 | DB 0 MI | Miltenberg | JN 49 PS |
| R91 | DB 0 OR | Osterode | JO 51 ER |
| R91 | DB 0 SBR | Sonneberg | JO 50 OJ |
| R91 | DB 0 EN | Sprockhövel | JO 31 OH |

**Kanal R92 (439,200 MHz)**

| | | | |
|---|---|---|---|
| R92 | DB 0 AA | Aalen/Volkmarsberg | JN 58 BS |
| R92 | DB 0 THB | Großer Inselberg/Suhl | JO 50 FV |
| R92 | DB 0 GHB | Güstrow/Heidberg | JO 63 CS |
| R92 | DB 0 FUS | Hannover | JO 42 UJ |
| R92 | DB 0 MKV | Meinerzhagen | JO 31 VC |
| R92 | DB 0 KON | Ruine Küssaburg | JN 47 EO |
| R92 | DB 0 NGU | Wilsum/Lingen | JO 32 KM |
| R92 | DB 0 WBG | Wittenberg | JO 61 HV |

**Kanal R93 (439,225 MHz)**

| | | | |
|---|---|---|---|
| R93 | DB 0 HAT | Hamm/Westf. | JO 31 VP |
| R93 | DB 0 BGK | Schwanberg/Kitzingen | JN 59 DR |
| R93 | DB 0 TFM | Teufelsmühle/Murgtal | JN 48 ES |

**Kanal R94 (439,250 MHz)**

| | | | |
|---|---|---|---|
| R94 | DB 0 LBM | München (Sprachmailbox) | JN 58 SD |
| R94 | DB 0 LBN | Nürnberg | JN 59 NK |
| R94 | DB 0 SSM | Salzgitter | JO 52 DD |
| R94 | DB 0 ANT | Wolfenbüttel | JO 52 GE |

**Kanal R95 (439,275 MHz)**

| | | | |
|---|---|---|---|
| R95 | DB 0 CES | Celle | JO 52 BP |
| R95 | DB 0 LBR | Regensburg (Sprachmailbox) | JN 69 BA |

**Kanal R97 (439,325 MHz)**

| | | | |
|---|---|---|---|
| R97 | DB 0 ULR | München Stadt | JN 58 TD |
| R97 | DB 0 SBA | Villingen/Schwarzwald | JN 48 FB |
| R97 | DB 0 VA | Wiesbaden/Hohe Wurzel | JO 40 BC |

**Kanal R98 (439,350 MHz)**

| | | | |
|---|---|---|---|
| R98 | DB 0 GZ | Alfeld/Leine | JO 41 WX |
| R98 | DB 0 NR | Bad Hersfeld | JO 40 VU |
| R98 | DB 0 DR | Duisburg | JO 31 JK |
| R98 | DB 0 LD | Künzelsau | JN 49 TH |
| R98 | DB 0 MEL | Leipzig | JO 61 EI |
| R98 | DB 0 PR | Neumünster/Armstedt | JO 43 WX |
| R98 | DB 0 OFF | Offenbach | JO 40 JC |

**Kanal R99 (439,375 MHz)**

| | | | |
|---|---|---|---|
| R99 | DB 0 CUX | Cuxhaven-Altenbruch | JO 43 JU |
| R99 | DB 0 EFT | Erfurt | JO 50 MX |
| R99 | DB 0 PX | Eschborn | JO 40 GD |
| R99 | DB 0 DBR | Jennewitz/Bad Doberan | JO 54 VC |
| R99 | DB 0 PQ | Jülich | JO 30 FW |
| R99 | DB 0 OVL | Landshut | JN 68 BM |
| R99 | DB 0 JP | Minden | JO 42 KG |

| | | | |
|---|---|---|---|
| R99 | DB 0 HM | Pforzheim | JN 48 IV |
| R99 | DB 0 LC | Scheidegg/Allgäu | JN 47 WO |

**Kanal R100 (439,400 MHz)**

| | | | |
|---|---|---|---|
| R100 | DB 0 ANU | Ansbach | JN 59 HH |
| R100 | DB 0 HW | Bad Harzburg-Torfhaus | JO 51 FT |
| R100 | DB 0 WOS | Geyersberg/Freyung | JN 68 ST |
| R100 | DB 0 GRZ | Görlitz | JO 71 LD |
| R100 | DB 0 DM | Grünten/Allgäu | JN 57 EN |
| R100 | DB 0 CT | Hanau | JO 40 KD |
| R100 | DB 0 RL | Kleiner Heckberg | JO 30 QW |
| R100 | DB 0 PG | Lahr | JN 38 WI |
| R100 | DB 0 EB | Leer/Ostfriesland | JO 33 SF |

**Kanal R101 (439,425 MHz)**

| | | | |
|---|---|---|---|
| R101 | DB 0 LZ | Bad Säckingen | JN 47 AN |
| R101 | DB 0 PI | Berlin | JO 62 QM |
| R101 | DB 0 RD | Frankfurt-West | JO 40 HC |
| R101 | DB 0 KB | Köterberg | JO 41 PU |
| R101 | DB 0 LP | Parsberg | JN 59 UD |
| R101 | DB 0 GN | Rheinbach | JO 30 LN |
| R101 | DB 0 GK | Vaihingen-Ensingen | JN 48 LX |

## Relais im 23-cm-Band (SHF) nach alter Norm

**Kanal R20 (1258,150 MHz)**

| | | | | |
|---|---|---|---|---|
| R20 | DB 0 YD | Duisburg | (→RS12) | JO 31 JK |
| R20 | DB 0 EX | Gießen | (→RS10) | JO 40 IO |
| R20 | DB 0 EC | Saarbrücken/Holz | (→RS16) | JN 39 MI |
| R20 | DB 0 MO | Stuttgart | (→RS10) | JN 48 OR |

**Kanal R22 (1258,300 MHz)**

| | | | | |
|---|---|---|---|---|
| R22 | DB 0 VZ | Feldberg/Ts. | (→RS08) | JO 40 FF |
| R22 | DB 0 KD | Karlsbad-Ittersbach | (→RS23) | JN 48 HV |
| R22S | DB 0 DK | Wendelstein | (→RS20) | JN 67 AQ |

**Kanal R24 (1258,450 MHz)**

| | | | | |
|---|---|---|---|---|
| R24 | DB 0 NT | Hamburg-Mitte | (→RS12) | JO 43 XN |
| R24 | DB 0 MD | Landau/Pfalz | (→RS25) | JN 49 AF |
| R24 | DB 0 MK | Marburg | (→RS14) | JO 40 JT |
| R24 | DB 0 PK | Marktredwitz | (→RS14) | JO 60 BA |
| R24 | DB 0 YM | Münster | (→RS14) | JO 31 TX |
| R24 | DB 0 BZ | Viersen | (→RS10) | JO 31 EH |
| R24S | DB 0 HI | Traunstein/Hochberg | (→RS14) | JN 67 HT |

**Kanal R26 (1258,600 MHz)**

| | | | | |
|---|---|---|---|---|
| R26 | DB 0 RJ | Bad Godesberg | (→RS20) | JO 30 PR |
| R26 | DB 0 NE | Dortmund-Schnee | (→RS16) | JO 31 SL |
| R26 | DB 0 RF | Hanau | (→RS16) | JO 40 KD |
| R26 | DB 0 GT | Homburg-Bexb./Höchen | (→RS10) | JN 39 PJ |
| R26 | DB 0 FZ | Kaiserstuhl/Freiburg | (→RS22) | JN 38 UB |
| R26S | DB 0 BK | München | (→RS16) | JN 58 RC |

**Kanal R28 (1258,750 MHz)**

| | | | | |
|---|---|---|---|---|
| R28 | DB 0 TO | Hagen-Schwerte | (→RS17) | JO 31 SI |
| R28 | DB 0 PF | Lübeck | (→RS14) | JO 53 IU |
| R28 | DB 0 PT | Wiesbaden | (→RS24) | JO 40 DB |
| R28 | DB 0 EH | Würzburg | (→RS18) | JN 49 WS |

**Kanal R29 (1258,825 MHz)**

| | | | | |
|---|---|---|---|---|
| R29 | DB 0 LU | Kaiserslautern | (→RS17) | JN 39 VK |
| R29 | DB 0 LEV | Leverkusen | (→RS26) | JO 31 MB |
| R29 | DB 0 LV | Paderborn/Universität | (→RS19) | JO 41 JR |

**Kanal R30 (1258,900 MHz)**

| | | | | |
|---|---|---|---|---|
| R30 | DB 0 BV | Böllstein | (→RS20) | JN 49 LS |
| R30 | DB 0 COE | Coesfeld/Schöppingen | (→RS20) | JO 32 OC |
| R30 | DB 0 EU | Nideggen-Schmidt | (→RS14) | JO 30 FQ |

**Kanal R31 (1258,975 MHz)**

| | | | | |
|---|---|---|---|---|
| R31S | DB 0 KOR | Berlin | (→RS17) | JO 62 PN |

**Kanal R32 (1259,050 MHz)**

| | | | | |
|---|---|---|---|---|
| R32 | DB 0 NB | Frankfurt-West | (→RS19) | JO 40 HD |
| R32 | DB 0 TZ | Haltern | (→RS11) | JO 31 NS |
| R32 | DB 0 XV | Hamburg-Mitte | (→RS15) | JO 43 XN |
| R32 | DB 0 MX | Ludwigsburg/Backnang | (→RS22) | JN 49 SB |
| R32 | DB 0 HR | Rotenburg | (→RS20) | JO 40 XX |

**Kanal R33 (1259,125 MHz)**

| | | | | |
|---|---|---|---|---|
| R33 | DB 0 BA | Bergisch-Gladbach | (→RS22) | JO 30 NX |

**Kanal R34 (1259,200 MHz)**

| | | | | |
|---|---|---|---|---|
| R34 | DB 0 FK | Koblenz | (→RS23) | JO 30 SH |
| R34 | DB 0 CE | Nürnberg-Moritzberg | (→RS25) | JN 59 PL |
| R34 | DB 0 STA | Stade | (→RS25) | JO 43 RO |
| R34 | DB 0 CW | Wesel | (→RS23) | JO 31 HP |

**Kanal R35 (1259,275 MHz)**

| | | | | |
|---|---|---|---|---|
| R35 | DB 0 EM | Büren | (→RS25) | JO 41 GN |
| R35 | DB 0 LT | Sindelfingen/Böblingen | (→RS24) | JN 48 KP |

**Kanal R36 (1259,350 MHz)**

| | | | | |
|---|---|---|---|---|
| R36 | DB 0 SN | Göttingen | (→RS26) | JO 41 VL |
| R36 | DB 0 DE | Kaarst | (→RS19) | JO 31 HF |
| R36 | DB 0 YU | Melibokus/Darmstadt | (→RS26) | JN 49 HR |

## Relais im 23-cm-Band (SHF) nach neuer Norm

**Kanal RS08 (1298,200/1242,200 MHz)**

| | | | |
|---|---|---|---|
| RS08 | DB 0 GLA | Gladbeck | JO 31 LN |

**Kanal RS10 (1298,250/1242,250 MHz)**

| | | | |
|---|---|---|---|
| RS10 | DB 0 .. | Bocksberg/Harz | JO 51 EU |
| RS10 | DB 0 HNW | Hamburg | JO 53 DL |
| RS10 | DB 0 BAT | Körkwitz/Ribnitz | JO 64 EG |

**Kanal RS11 (1298,275/1242,275 MHz)**

| | | | |
|---|---|---|---|
| RS11 | DB 0 SAQ | Heilbronn | JN 49 MA |
| RS11 | DB 0 OLB | Oldenburg | JO 43 FB |

| | | | | |
|---|---|---|---|---|
| RS11 | DB 0 EIF | Radersberg/Eifel | | JO 30 GJ |
| RS11 | DB 0 SWQ | Regensburg | | JN 69 BA |

**Kanal RS12 (1298,300/1242,300 MHz)**

| | | | | |
|---|---|---|---|---|
| RS12 | DB 0 RI | Bad Pyrmont | | JO 41 PX |
| RS12 | DB 0 DON | Buchdorf/Donau | | JN 58 JT |
| RS12 | DB 0 UM | Durlach | | JN 48 GX |
| RS12 | DB 0 THC | Waldstein/Fichtelgebirge | | JN 50 WC |

**Kanal RS13 (1298,325/1242,325 MHz)**

| | | | | |
|---|---|---|---|---|
| RS13 | DB 0 BHN | Bremerhaven | | JO 43 GN |
| RS13 | DB 0 PET | Petersberg/Halle/Saale | | JO 51 XN |
| RS13 | DB 0 UEB | Waldmichelbach | | JN 49 JN |

**Kanal RS14 (1298,350/1242,350 MHz)**

| | | | | |
|---|---|---|---|---|
| RS14 | DB 0 KPA | Helmstedt | | JO 52 LF |
| RS14 | DB 0 NOD | Norden | | JO 33 QQ |
| RS14 | DB 0 SBG | Schwäbisch Gmünd | | JN 48 WS |
| RS14 | DB 0 PSS | Pirmasens | | JN 39 TE |

**Kanal RS15 (1298,375/1242,375 MHz)**

| | | | | |
|---|---|---|---|---|
| RS15 | DB 0 DIE | Diepholz/Dammer Berge | | JO 42 CN |
| RS15 | DB 0 KAI | Donnersberg | | JN 39 VP |
| RS15 | DB 0 REU | Reutlingen | | JN 48 NM |
| RS15 | DB 0 CHA | Roßbach/Wald | | JN 69 ED |
| RS15 | DB 0 AAO | Wolfenbüttel | | JO 52 GE |

**Kanal RS16 (1298,400/1242,400 MHz)**

| | | | | |
|---|---|---|---|---|
| RS16 | DB 0 ESB | Köngen/Neckar | (→RS16) | JN 48 QS |
| RS16 | DB 0 LIC | Lichtenfels | | JO 50 NC |
| RS16 | DB 0 BAR | Steinhuder Meer/Rodenberg | | JO 42 QH |

**Kanal RS17 (1298,425/1242,425 MHz)**

| | | | | |
|---|---|---|---|---|
| RS17 | DB 0 HEF | Bad Hersfeld | | JO 40 VU |
| RS17 | DB 0 PH | Donau-Bussen | | JN 48 QF |
| RS17 | DB 0 TRW | Wolfsburg | | JO 52 IJ |

**Kanal RS18 (1298,450/1242,450 MHz)**

| | | | |
|---|---|---|---|
| RS18 | DB 0 AGS | Augsburg | JN 58 KJ |
| RS18 | DB 0 SWF | Baden-Baden | JN 48 DS |
| RS18 | DB 0 .. | Bell | JO 30 OL |

**Kanal RS19 (1298,475/1242,475 MHz)**

| | | | |
|---|---|---|---|
| RS19 | DB 0 LAB | Schömberg/Langenbrand | JN 48 HT |

**Kanal RS20 (1298,500/1242,500 MHz)**

| | | | |
|---|---|---|---|
| RS20 | DB 0 KIL | Kiel | JO 54 BH |
| RS20 | DB 0 VED | Verden/Aller | JO 42 OW |
| RS20 | DB 0 RAK | Weiden | JN 69 CQ |

**Kanal RS21 (1298,525/1242,525 MHz)**

| | | | |
|---|---|---|---|
| RS21 | DB 0 .. | Groß-Gerau | JN 49 GW |
| RS21 | DB 0 SWP | Recklinghausen | JO 31 NO |
| RS21 | DB 0 PFR | Tegelberg/Schwaben | JN 57 JN |

**Kanal RS23 (1298,575/1242,575 MHz)**

| | | | |
|---|---|---|---|
| RS23 | DB 0 KIS | Bad Kissingen | JO 40 XH |
| RS23 | DB 0 DTL | Borgentreich-Manrode | JO 41 QN |
| RS23 | DB 0 DON | Buchdorf/Donau | JN 58 JT |
| RS23 | DB 0 SWS | Teufelsmoor | JO 43 JF |

**Kanal RS24 (1298,600/1242,600 MHz)**

| | | | |
|---|---|---|---|
| RS24 | DB 0 WAT | Bochum | JO 31 OK |
| RS24 | DB 0 .. | Kassel | JO 41 .. |
| RS24 | DB 0 ET | Zugspitze | JN 57 LL |

**Kanal RS25 (1298,625/1242,625 MHz)**

| | | | |
|---|---|---|---|
| RS25 | DB 0 OKE | Braunschweig | JO 52 FG |
| RS25 | DB 0 EEO | Emmerich-Elten | JO 31 CV |
| RS25 | DB 0 RHT | Rheinbach-Todenfeld | JO 30 LN |
| RS25 | DB 0 .. | Schlüchtern/Schoppenkopf | JO 40 SI |

**Kanal RS26 (1298,650/1242,650 MHz)**

| | | | |
|---|---|---|---|
| RS26 | DB 0 BAM | Bamberg | JN 59 MU |
| RS26 | DB 0 BRE | Bremen | JO 43 JB |
| RS26 | DB 0 HUS | Husum | JO 44 ML |
| RS26 | DB 0 LIN | Scheidegg/Allgäu | JN 47 WO |
| RS26 | DB 0 WAL | Waldkraiburg | JN 68 EE |

**Kanal RS27 (1298,675/1242,675 MHz)**

| | | | |
|---|---|---|---|
| RS27 | DB 0 .. | Wattenscheid (Multimode) | JO 31 NL |

**Kanal RS28 (1298,700/1242,700 MHz)**

| | | | |
|---|---|---|---|
| RS28 | DB 0 .. | Oschatz | JO 61 MH |
| RS28 | DB 0 SM | Salzgitter | JO 52 DD |
| RS28 | DB 0 SOL | Solingen | JO 31 NE |

## Relais im 2-GHz-Bereich

**Kanal R12 (2366,400 MHz)**

| | | | |
|---|---|---|---|
| R12 | DB 0 HOG | Borgentreich-Manrode | JO 41 QN |
| R12 | DB 0 KY | Filderstadt | JN 48 OP |
| R12 | DB 0 PS | Melibokus/Darmstadt | JN 49 HR |
| R12 | DB 0 LW | Ölberg/Siebengebirge | JO 30 PQ |
| R12 | DB 0 PSK | Pirmasens | JN 39 TE |
| R12 | DB 0 OAZ | Traunstein/Hochberg | JN 67 HT |

**Kanal R13 (2366,450 MHz)**

| | | | |
|---|---|---|---|
| R13 | DB 0 .. | Essen | JO 31 LJ |
| R13 | DB 0 ZC | Feldberg/Ts. | JO 40 FF |
| R13 | DB 0 AFG | Göttingen | JO 41 XN |
| R13 | DB 0 ISM | Ismaning | JN 58 UF |
| R13 | DB 0 GHZ | Landau/Pfalz | JN 49 AF |
| R13 | DB 0 AKA | Ludwigsburg/Backnang | JN 49 SB |

**Kanal R14 (2366,500 MHz)**

| | | | |
|---|---|---|---|
| R14 | DB 0 UEW | Waldmichelbach | JN 49 JN |

# CB-Funk

Von der Sprechfunkart her gehört der CB-Funk mit in dieses Buch, obwohl er noch im Kurzwellenbereich bei 27 MHz angesiedelt ist.

Der CB-Funk ist ein privater Nahbereichsfunk. „CB" ist die Abkürzung für „Citizenband", der englischen Bezeichnung für den Frequenzbereich von 26.960 bis 27.410 kHz. Der CB-Funk ist ein Hobbyfunk für jedermann, der aber auch bei der Arbeit und bei Sport und Spiel nützlich sei kann. Der CB-Funk zählt nicht zu Amateurfunk.

Jedermann kann am CB-Funk teilnehmen, wobei alle Nutzer, die sogenannten CB-Funker, gleichberechtigt sind. Für den CB-Funk dürfen nur solche Geräte benutzt werden, die eine Zulassungsnummer besitzen oder für die, ausgewiesen durch eine entsprechende Kennzeichnung, eine Allgemeingenehmigung vorliegt.

Dem CB-Funk sind folgende Betriebsfrequenzen zugewiesen:

| Kanal | Frequenz | Kanal | Frequenz |
|---|---|---|---|
| 1 | 26.965 kHz | 17 | 27.165 kHz |
| 2 | 26.975 kHz | 18 | 27.175 kHz |
| 3 | 26.985 kHz | 19 | 27.185 kHz |
| 4 | 27.005 kHz | 20 | 27.205 kHz |
| 5 | 27.015 kHz | 21 | 27.215 kHz |
| 6 | 27.025 kHz | 22 | 27.225 kHz |
| 7 | 27.035 kHz | 23 | 27.255 kHz |
| 8 | 27.055 kHz | 24 | 27.235 kHz |
| 9 | 27.065 kHz | 25 | 27.245 kHz |
| 10 | 27.075 kHz | 26 | 27.265 kHz |
| 11 | 27.085 kHz | 27 | 27.275 kHz |
| 12 | 27.105 kHz | 28 | 27.285 kHz |
| 13 | 27.115 kHz | 29 | 27.295 kHz |
| 14 | 27.125 kHz | 30 | 27.305 kHz |
| 15 | 27.135 kHz | 31 | 27.315 kHz |
| 16 | 27.155 kHz | 32 | 27.325 kHz |

| Kanal | Frequenz | Kanal | Frequenz |
|---|---|---|---|
| 33 | 27.335 kHz | 37 | 27.375 kHz |
| 34 | 27.345 kHz | 38 | 27.385 kHz |
| 35 | 27.355 kHz | 39 | 27.395 kHz |
| 36 | 27.365 kHz | 40 | 27.405 kHz |

Der CB-Funk wird in der Modulationsart Frequenzmodulation (FM-schmal) betrieben. Auf den Kanälen 4 bis 15 ist unter besonderen Bedingungen auch Amplitudenmodulation (AM) zugelassen. Als Betriebart ist nur Simplex (Wechselsprechen auf einer Frequenz) gestattet.

Weitergehende Fragen zum Thema CB-Funk beantwortet ein Informationsblatt, daß beim Bundesamt für Post und Telekommunikation (BAPT) bzw. seinen Außenstellen angefordert werden kann.

# ITU-Frequenzzuweisung für den Bereich von 30 MHz bis 400 GHz

Die nachfolgende Tabelle gibt Auskunft über die Frequenzzuweisung für den Bereich von 30 MHz bis 400 GHz gemäß dem Zuweisungsplan der Internationalen Fernmeldeunion (ITU) und des Bundesministeriums für Post und Telekommunikation. Die Angaben zur Zuweisung beziehen sich auf die ITU-Region 1 (u.a. Europa) mit spezieller Auslegung für die Bundesrepublik Deutschland.

Die Frequenzangaben sind zunächst in Megahertz (MHz) gehalten, später in Gigahertz (GHz). Die Reihenfolge der aufgeführten Funkdienste gibt auch deren Priorität an. Bei den erstgenannten Diensten handelt es sich in der Regel um primäre Funkdienste, die darauffolgenden Dienste sind sogenannte zugelassene und sekundäre Funkdienste.

| Frequenzbereich MHz | Zuweisung/Funkdienste |
|---|---|
| 29,7 – 30,005 | Beweglicher Funkdienst<br>Fester Funkdienst |
| 30,005 – 30,01 | Beweglicher Funkdienst<br>Weltraumfernwirkfunkdienst<br>(Kennzeichnung der Satelliten)<br>Weltraumforschungsfunkdienst<br>Fester Funkdienst |
| 30,01 – 34,35 | Beweglicher Funkdienst<br>Fester Funkdienst |
| | * Die Frequenz 33,4 MHz<br>+/- 200 kHz ist geschützte<br>Zwischenfrequenz (ZF) für<br>Fernsehrundfunkempfänger |
| 34,35 – 36,55 | Beweglicher Funkdienst<br>Fester Funkdienst |
| 36,55 – 37,75 | Beweglicher Funkdienst<br>Fester Funkdienst |
| 37,75 – 38,25 | Beweglicher Funkdienst<br>Fester Funkdienst<br>Radioastronomiefunkdienst |
| 38,25 – 38,45 | Beweglicher Funkdienst<br>Fester Funkdienst |
| 38,45 – 39,85 | Beweglicher Funkdienst<br>Fester Funkdienst |
| | * Die Frequenz 38,9 MHz<br>-500/+300 kHz ist geschützte<br>Zwischenfrequenz (ZF) für<br>Fernsehrundfunkempfänger |
| 39,85 – 40,66 | Beweglicher Funkdienst<br>Fester Funkdienst |

| | |
|---|---|
| 40,66 – 40,7 | Hochfrequenzgeräte für industrielle, wissenschaftliche und medizinische Anwendung (ISM) sowie Funkanlagen für Fernsteuerungen und Fernmeßzwecke, Modell-Funkfernsteuerungen, Durchsage-Funkanlagen |
| 40,7 – 41 | Beweglicher Funkdienst<br>Fester Funkdienst |
| 41 – 47 | Beweglicher Funkdienst<br>Fester Funkdienst |
| 47 – 68 | Rundfunkdienst<br>Beweglicher Landfunkdienst<br>Fester Funkdienst |
| 68 – 70 | Beweglicher Landfunkdienst |
| 70 – 74,2 | Beweglicher Funkdienst (außer beweglicher Flugfunkdienst)<br>Fester Funkdienst |
| 74,2 – 74,8 | Beweglicher Landfunkdienst |
| 74,8 – 75,2 | Flugnavigationsfunkdienst (Markierungsfunkfeuer) |
| 75,2 – 78,7 | Beweglicher Landfunkdienst |
| 78,7 – 84 | Beweglicher Funkdienst (außer beweglicher Flugfunkdienst)<br>Fester Funkdienst |
| 84 – 87,5 | Beweglicher Landfunkdienst |
| 87,5 – 88 | Rundfunkdienst<br>Beweglicher Landfunkdienst |
| 88 – 100 | Rundfunkdienst |
| 100 – 108 | Rundfunkdienst |
| 108 – 117,975 | Flugnavigationsdienst |
| 117,975 – 136 | Beweglicher Flugfunkdienst (R) |

| | |
|---|---|
| 136 – 137 | Beweglicher Flugfunkdienst (R)<br>Weltraumfernwirkfunkdienst<br>(Weltraum-Erde)<br>Wetterfunkdienst über Satelliten<br>(Weltraum-Erde)<br>Weltraumforschungsfunkdienst<br>(Weltraum-Erde) |
| 137 – 138 | Weltraumfernwirkfunkdienst<br>(Weltraum-Erde)<br>Wetterfunkdienst über Satelliten<br>(Weltraum-Erde)<br>Weltraumforschungsfunkdienst<br>(Weltraum-Erde) |
| 138 – 143,6 | Beweglicher Flugfunkdienst (OR)<br>Beweglicher Landfunkdienst<br>Weltraumforschungsfunkdienst<br>(Weltraum-Erde) |
| 143,6 – 143,65 | Beweglicher Flugfunkdienst (OR)<br>Beweglicher Landfunkdienst<br>Weltraumforschungsfunkdienst<br>(Weltraum-Erde) |
| 143,65 – 144 | Beweglicher Flugfunkdienst (OR)<br>Beweglicher Landfunkdienst<br>Weltraumforschungsfunkdienst<br>(Weltraum-Erde) |
| 144 – 146 | Amateurfunkdienst |
| 146 – 149,9 | Beweglicher Landfunkdienst |
| 149,9 – 150,05 | Navigationsfunkdienst über Satelliten |
| 150,05 – 156,7625 | Beweglicher Funkdienst (außer beweglicher Flugfunkdienst) |
| 156,7625 – 156,8375 | Beweglicher Seefunkdienst (Notfall und Anruf) |
| 156,8375 – 174 | Beweglicher Funkdienst (außer beweglicher Flugfunkdienst) |

| | |
|---|---|
| 174 – 223 | Rundfunkdienst |
| 223 – 230 | Beweglicher Landfunkdienst<br>Rundfunkdienst |
| 230 – 235 | Beweglicher Funkdienst<br>Fester Funkdienst |
| 235 – 272 | Beweglicher Funkdienst<br>Fester Funkdienst |
| 272 – 273 | Beweglicher Funkdienst<br>Weltraumfernwirkfunkdienst<br>(Weltraum-Erde)<br>Fester Funkdienst |
| 273 – 322 | Beweglicher Funkdienst<br>Fester Funkdienst |
| 322 – 328,6 | Beweglicher Funkdienst<br>Radioastronomiefunkdienst<br>Fester Funkdienst |
| 328,6 – 335,4 | Flugnavigationsfunkdienst |
| 335,4 – 399,9 | Beweglicher Funkdienst<br>Fester Funkdienst |
| 399,9 – 400,05 | Navigationsfunkdienst über Satelliten |
| 400,05 – 400,15 | Normalfrequenz- und Zeitzeichenfunkdienst über Satelliten (400,1 MHz) |
| 400,15 – 401 | Wetterhilfenfunkdienst<br>Wetterfunkdienst über Satelliten<br>(Weltraum-Erde)<br>Weltraumforschungsfunkdienst<br>(Weltraum-Erde)<br>Weltraumfernwirkfunkdienst<br>(Weltraum-Erde) |
| 401 – 402 | Wetterhilfenfunkdienst<br>Weltraumfernwirkfunkdienst<br>(Weltraum-Erde)<br>Wetterfunkdienst über Satelliten<br>(Erde-Weltraum) |

| | |
|---|---|
| 402 – 403 | Wetterhilfenfunkdienst<br>Wetterfunkdienst über Satelliten (Erde-Weltraum) |
| 403 – 406 | Wetterhilfenfunkdienst |
| 406 – 406,1 | Beweglicher Funkdienst über Satelliten (Erde-Weltraum) |
| 406,1 – 408 | Radioastronomiefunkdienst<br>Wetterhilfenfunkdienst |
| 408 – 410 | Radioastronomiefunkdienst |
| 410 – 420 | Beweglicher Landfunkdienst |
| 420 – 430 | Fester Funkdienst |
| 430 – 440 | Amateurfunkdienst |
| 440 – 470 | Beweglicher Landfunkdienst |
| 470 – 790 | Rundfunkdienst |
| 790 – 862 | Fester Funkdienst<br>Beweglicher Funkdienst (außer beweglicher Flugfunkdienst) |
| 862 – 890 | Fester Funkdienst<br>Beweglicher Funkdienst (außer beweglicher Flugfunkdienst) |
| 890 – 960 | Fester Funkdienst<br>Beweglicher Funkdienst (außer beweglicher Flugfunkdienst) |
| 960 – 1215 | Flugnavigationsfunkdienst |
| 1215 – 1240 | Ortungsfunkdienst<br>Navigationsfunkdienst über Satelliten (Weltraum-Erde) |
| 1240 – 1250 | Ortungsfunkdienst<br>Navigationsfunkdienst über Satelliten<br>Amateurfunkdienst |
| 1250 – 1260 | Flugnavigationsfunkdienst<br>Amateurfunkdienst |

| | |
|---|---|
| 1260 – 1300 | Ortungsfunkdienst<br>Amateurfunkdienst |
| 1300 – 1340 | Nichtnavigatorischer Ortungs-funkdienst |
| 1340 – 1350 | Flugnavigationsfunkdienst |
| 1350 – 1400 | Nichtnavigatorischer Ortungs-funkdienst |
| 1400 – 1427 | Radioastronomiefunkdienst<br>Erderkundungsfunkdienst über Satelliten (passiv)<br>Weltraumforschungsfunkdienst (passiv) |
| 1427 – 1429 | Weltraumfernwirkfunkdienst (Erde-Weltraum) |
| 1429 – 1474 | Fester Funkdienst<br>Beweglicher Funkdienst (außer beweglicher Flugfunkdienst [R]) |
| 1474 – 1481,5 | Fester Funkdienst<br>Beweglicher Funkdienst (außer beweglicher Flugfunkdienst [R]) |
| 1481,5 – 1525 | Fester Funkdienst<br>Beweglicher Funkdienst (außer beweglicher Flugfunkdienst [R]) |
| 1525 – 1530 | Weltraumfernwirkfunkdienst (Weltraum-Erde)<br>Fester Funkdienst<br>Erderkundungsfunkdienst über Satelliten |
| 1530 – 1535 | Weltraumfernwirkfunkdienst (Weltraum-Erde)<br>Beweglicher Seefunkdienst über Satelliten (Weltraum-Erde)<br>Fester Funkdienst<br>Erderkundungsfunkdienst über Satelliten |

| | |
|---|---|
| 1535 – 1544 | Beweglicher Seefunkdienst über Satelliten (Weltraum-Erde)<br>Fester Funkdienst |
| 1544 – 1545 | Beweglicher Funkdienst über Satelliten (Weltraum-Erde)<br>Fester Funkdienst |
| 1545 – 1550 | Beweglicher Flugfunkdienst über Satelliten (R) (Weltraum-Erde)<br>Fester Funkdienst |
| 1550 – 1559 | Beweglicher Flugfunkdienst über Satelliten (R) (Weltraum-Erde)<br>Fester Funkdienst |
| 1559 – 1610 | Fester Funkdienst<br>Flugnavigationsfunkdienst<br>Navigationsfunkdienst über Satelliten (Weltraum-Erde) |
| 1610 – 1626,5 | Fester Funkdienst<br>Flugnavigationsfunkdienst |
| 1626,5 – 1645,5 | Beweglicher Seefunkdienst über Satelliten (Erde-Weltraum)<br>Fester Funkdienst |
| 1645,5 – 1646,5 | Beweglicher Funkdienst über Satelliten (Erde-Weltraum)<br>Fester Funkdienst |
| 1646,5 – 1660 | Beweglicher Flugfunkdienst über Satelliten (R) (Erde-Weltraum)<br>Fester Funkdienst |
| 1660 – 1660,5 | Beweglicher Flugfunkdienst über Satelliten (R) (Erde-Weltraum)<br>Fester Funkdienst |
| 1660,5 – 1668,4 | Radioastronomiefunkdienst<br>Weltraumforschungsfunkdienst (passiv) |

| | |
|---|---|
| 1668,4 – 1670 | Radioastronomiefunkdienst<br>Wetterhilfenfunkdienst |
| 1670 – 1690 | Wetterhilfenfunkdienst<br>Wetterfunkdienst über Satelliten (Weltraum-Erde) |
| 1690 – 1700 | Wetterhilfenfunkdienst<br>Wetterfunkdienst über Satelliten (Weltraum-Erde)<br>Fester Funkdienst |
| 1700 – 1710 | Fester Funkdienst<br>Wetterfunkdienst über Satelliten (Weltraum-Erde) |
| 1710 – 1850 | Fester Funkdienst |
| 1850 – 2290 | Fester Funkdienst |
| 2290 – 2320 | Fester Funkdienst |
| 2320 – 2400 | Fester Funkdienst<br>Beweglicher Funkdienst<br>Nichtnavigatorischer Ortungsfunkdienst<br>Amateurfunkdienst |
| 2400 – 2450 | Nichtnavigatorischer Ortungsfunkdienst<br>Amateurfunkdienst |
| 2450 – 2480 | Fester Funkdienst<br>Beweglicher Funkdienst<br>Nichtnavigatorischer Ortungsfunkdienst |
| 2480 – 2500 | Fester Funkdienst |
| 2500 – 2655 | Fester Funkdienst |
| 2655 – 2690 | Fester Funkdienst<br>Radioastronomiefunkdienst |
| 2690 – 2695 | Fester Funkdienst<br>Radioastronomiefunkdienst |

| | |
|---|---|
| 2695 – 2700 | Radioastronomiefunkdienst<br>Erderkundungsfunkdienst über Satelliten (passiv)<br>Weltraumforschungsfunkdienst (passiv) |
| 2700 – 2900 | Flugnavigationsfunkdienst<br>Nichtnavigatorischer Ortungsfunkdienst |
| 2900 – 3100 | Navigationsfunkdienst<br>Nichtnavigatorischer Ortungsfunkdienst |
| 3100 – 3300 | Nichtnavigatorischer Ortungsfunkdienst |
| 3300 – 3400 | Nichtnavigatorischer Ortungsfunkdienst |
| 3400 – 3475 | Fester Funkdienst<br>Amateurfunkdienst |
| 3475 – 3520 | Fester Funkdienst |
| 3520 – 3600 | Fester Funkdienst<br>Nichtnavigatorischer Ortungsfunkdienst |
| 3600 – 4200 | Fester Funkdienst<br>Fester Funkdienst über Satelliten (Weltraum-Erde) |
| 4200 – 4210 | Flugnavigationsfunkdienst<br>Fester Funkdienst |
| 4210 – 4400 | Flugnavigationsfunkdienst |
| 4400 – 4800 | Fester Funkdienst |
| 4800 – 4990 | Fester Funkdienst<br>Radioastronomiefunkdienst |
| 4990 – 5000 | Fester Funkdienst<br>Radioastronomiefunkdienst |
| 5000 – 5250 | Flugnavigationsfunkdienst |

| | |
|---|---|
| 5250 – 5255 | Nichtnavigatorischer Ortungsfunkdienst |
| 5255 – 5350 | Nichtnavigatorischer Ortungsfunkdienst |
| 5350 – 5460 | Flugnavigationsfunkdienst<br>Nichtnavigatorischer Ortungsfunkdienst |
| 5460 – 5470 | Navigationsfunkdienst<br>Nichtnavigatorischer Ortungsfunkdienst |
| 5470 – 5650 | Seenavigationsfunkdienst<br>Nichtnavigatorischer Ortungsfunkdienst |
| 5650 – 5725 | Nichtnavigatorischer Ortungsfunkdienst |
| 5725 – 5755 | Nichtnavigatorischer Ortungsfunkdienst<br>Amateurfunkdienst |
| 5755 – 5850 | Nichtnavigatorischer Ortungsfunkdienst<br>Fester Funkdienst<br>Amateurfunkdienst |
| 5850 – 5875 | Fester Funkdienst |
| 5875 – 5925 | Fester Funkdienst<br>Beweglicher Funkdienst |
| 5925 – 6525 | Fester Funkdienst<br>Fester Funkdienst über Satelliten (Erde-Weltraum) |
| 6525 – 7250 | Fester Funkdienst |
| 7250 – 7300 | Fester Funkdienst über Satelliten (Weltraum-Erde)<br>Beweglicher Funkdienst über Satelliten |

| | |
|---|---|
| 7300 – 7550 | Fester Funkdienst<br>Fester Funkdienst über Satelliten (Weltraum-Erde) |
| 7550 – 7725 | Fester Funkdienst<br>Fester Funkdienst über Satelliten (Weltraum-Erde) |
| 7725 – 7750 | Fester Funkdienst<br>Beweglicher Funkdienst (außer beweglicher Flugfunkdienst)<br>Fester Funkdienst über Satelliten (Weltraum-Erde) |
| 7750 – 7900 | Fester Funkdienst<br>Beweglicher Funkdienst (außer beweglicher Flugfunkdienst) |
| 7900 – 7975 | Fester Funkdienst<br>Beweglicher Funkdienst (außer beweglicher Flugfunkdienst)<br>Beweglicher Funkdienst über Satelliten<br>Fester Funkdienst über Satelliten (Erde-Weltraum) |
| 7975 – 8025 | Fester Funkdienst über Satelliten (Erde-Weltraum)<br>Beweglicher Funkdienst über Satelliten |
| 8025 – 8100 | Fester Funkdienst<br>Beweglicher Funkdienst<br>Fester Funkdienst über Satelliten (Erde-Weltraum) |
| 8100 – 8127,5 | Fester Funkdienst<br>Fester Funkdienst über Satelliten (Erde-Weltraum) |
| 8127,5 – 8175 | Fester Funkdienst<br>Fester Funkdienst über Satelliten (Erde-Weltraum) |

| | |
|---|---|
| 8175 – 8250 | Fester Funkdienst<br>Fester Funkdienst über Satelliten (Erde-Weltraum) |
| 8250 – 8288,5 | Fester Funkdienst<br>Fester Funkdienst über Satelliten (Erde-Weltraum) |
| 8288,5 – 8400 | Fester Funkdienst<br>Fester Funkdienst über Satelliten (Erde-Weltraum) |
| 8400 – 8500 | Weltraumforschungsfunkdienst (Weltraum-Erde)<br>Fester Funkdienst |
| 8500 – 8825 | Nichtnavigatorischer Ortungsfunkdienst |
| 8825 – 8850 | Nichtnavigatorischer Ortungsfunkdienst<br>Seenavigationsfunkdienst |
| 8850 – 9000 | Nichtnavigatorischer Ortungsfunkdienst<br>Seenavigationsfunkdienst |
| 9000 – 9200 | Flugnavigationsfunkdienst<br>Seenavigationsfunkdienst<br>Nichtnavigatorischer Ortungsfunkdienst |
| 9200 – 9300 | Nichtnavigatorischer Ortungsfunkdienst<br>Seenavigationsfunkdienst |
| 9300 – 9500 | Nichtnavigatorischer Ortungsfunkdienst<br>Navigationsfunkdienst |
| 9500 – 9800 | Nichtnavigatorischer Ortungsfunkdienst<br>Navigationsfunkdienst |

| | |
|---|---|
| 9800 – 10000 | Nichtnavigatorischer Ortungsfunkdienst<br>Fester Funkdienst<br>Beweglicher Funkdienst |

**Bitte beachten Sie:**

Bis hier waren die Frequenzangaben in MHz. Von der nächsten Seite an sind die Frequenzangaben in GHz.

*Das Bündelfunk-Handsprechfunkgerät HFG Chip-T im Einsatz. Damit sind Sie in der ganzen Region erreichbar! (Foto: Bosch)*

| Frequenzbereich GHz | Zuweisung/Funkdienste |
|---|---|
| 10 – 10,4 | Nichtnavigatorischer Ortungsfunkdienst<br>Amateurfunkdienst<br>Beweglicher Funkdienst |
| 10,4 – 10,45 | Fester Funkdienst<br>Beweglicher Funkdienst<br>Amateurfunkdienst |
| 10,45 – 10,5 | Fester Funkdienst<br>Amateurfunkdienst<br>Amateurfunkdienst über Satelliten<br>Beweglicher Funkdienst |
| 10,5 – 10,6 | Fester Funkdienst |
| 10,6 – 10,68 | Fester Funkdienst<br>Radioastronomiefunkdienst<br>Erderkundungsfunkdienst über Satelliten |
| 10,68 – 10,7 | Radioastronomiefunkdienst<br>Erderkundungsfunkdienst über Satelliten (passiv)<br>Weltraumforschungsfunkdienst (passiv) |
| 10,7 – 11,7 | Fester Funkdienst<br>Fester Funkdienst über Satelliten (Weltraum-Erde) |
| 11,7 – 12,5 | Fester Funkdienst<br>Rundfunkdienst über Satelliten |
| 12,5 – 12,75 | Fester Funkdienst über Satelliten (Weltraum-Erde, Erde-Weltraum)<br>Fester Funkdienst<br>Beweglicher Funkdienst (außer beweglicher Flugfunkdienst) |

| | |
|---|---|
| 12,75 – 13,25 | Fester Funkdienst<br>Fester Funkdienst über Satelliten (Erde-Weltraum) |
| 13,25 – 13,4 | Flugnavigationsfunkdienst |
| 13,4 – 14 | Nichtnavigatorischer Ortungsfunkdienst |
| 14 – 14,25 | Fester Funkdienst über Satelliten (Erde-Weltraum) |
| 14,25 – 14,3 | Fester Funkdienst<br>Fester Funkdienst über Satelliten (Erde-Weltraum) |
| 14,3 – 14,4 | Fester Funkdienst<br>Fester Funkdienst über Satelliten (Erde-Weltraum) |
| 14,47 – 14,5 | Fester Funkdienst<br>Fester Funkdienst über Satelliten (Erde-Weltraum)<br>Radioastronomiefunkdienst |
| 14,5 – 14,62 | Fester Funkdienst |
| 14,62 – 15,23 | Fester Funkdienst<br>Beweglicher Funkdienst |
| 15,23 – 15,35 | Fester Funkdienst |
| 15,35 – 15,4 | Erderkundungsfunkdienst über Satelliten (passiv)<br>Weltraumforschungsfunkdienst (passiv)<br>Radioastronomiefunkdienst |
| 15,4 – 15,7 | Flugnavigationsfunkdienst |
| 15,7 – 17,3 | Nichtnavigatorischer Ortungsfunkdienst |

| | |
|---|---|
| 17,3 – 17,7 | Fester Funkdienst über Satelliten (Erde-Weltraum)<br>Nichtnavigatorischer Ortungsfunkdienst<br>Fester Funkdienst<br>Beweglicher Funkdienst |
| 17,7 – 18,1 | Fester Funkdienst<br>Fester Funkdienst über Satelliten (Weltraum-Erde, Erde-Weltraum) |
| 18,1 – 19,7 | Fester Funkdienst<br>Fester Funkdienst über Satelliten (Weltraum-Erde) |
| 19,7 – 20,2 | Fester Funkdienst über Satelliten (Weltraum-Erde) |
| 20,2 – 21,2 | Fester Funkdienst über Satelliten (Weltraum-Erde)<br>Beweglicher Funkdienst über Satelliten (Weltraum-Erde) |
| 21,2 – 22 | Fester Funkdienst |
| 22 – 22,21 | Fester Funkdienst |
| 22,21 – 22,5 | Fester Funkdienst<br>Radioastronomiefunkdienst<br>Erderkundungsfunkdienst über Satelliten (passiv)<br>Weltraumforschungsfunkdienst (passiv) |
| 22,5 – 22,55 | Beweglicher Funkdienst |
| 22,55 – 23 | Beweglicher Funkdienst<br>Intersatellitenfunkdienst |
| 23 – 23,55 | Fester Funkdienst<br>Beweglicher Funkdienst<br>Intersatellitenfunkdienst |
| 23,55 – 23,6 | Beweglicher Funkdienst |

| | |
|---|---|
| 23,6 – 24 | Radioastronomiefunkdienst<br>Erderkundungsfunkdienst über Satelliten (passiv)<br>Weltraumforschungsfunkdienst (passiv) |
| 24 – 24,05 | Amateurfunkdienst<br>Amateurfunkdienst über Satelliten |
| 24,05 – 24,25 | Nichtnavigatorischer Ortungsfunkdienst<br>Amateurfunkdienst<br>Erderkundungsfunkdienst über Satelliten (passiv) |
| 24,25 – 25,25 | Navigationsfunkdienst |
| 25,25 – 27 | Fester Funkdienst<br>Beweglicher Funkdienst<br>Erderkundungsfunkdienst über Satelliten (Weltraum-Weltraum)<br>Normalfrequenz- und Zeitzeichenfunkdienst über Satelliten (Erde-Weltraum) |
| 27 – 27,5 | Fester Funkdienst<br>Beweglicher Funkdienst<br>Erderkundungsfunkdienst über Satelliten (Weltraum-Weltraum) |
| 27,5 – 29,5 | Fester Funkdienst<br>Fester Funkdienst über Satelliten (Erde-Weltraum) |
| 29,5 – 30 | Fester Funkdienst über Satelliten (Erde-Weltraum) |
| 30 – 31 | Fester Funkdienst über Satelliten (Erde-Weltraum)<br>Beweglicher Funkdienst über Satelliten (Erde-Weltraum) |
| 31 – 31,3 | Beweglicher Funkdienst |

| | |
|---|---|
| 31,3 – 31,5 | Radioastronomiefunkdienst<br>Erderkundungsfunkdienst über Satelliten (passiv)<br>Weltraumforschungsfunkdienst (passiv) |
| 31,5 – 31,8 | Radioastronomiefunkdienst<br>Erderkundungsfunkdienst (passiv)<br>Weltraumforschungsfunkdienst (passiv)<br>Beweglicher Funkdienst (außer beweglicher Flugfunkdienst) |
| 31,8 – 32 | Navigationsfunkdienst |
| 32 – 33 | Navigationsfunkdienst<br>Intersatellitenfunkdienst |
| 33 – 33,4 | Navigationsfunkdienst |
| 33,4 – 34,2 | Nichtnavigatorischer Ortungsfunkdienst |
| 34,2 – 35,2 | Nichtnavigatorischer Ortungsfunkdienst |
| 35,2 – 36 | Wetterhilfenfunkdienst<br>Nichtnavigatorischer Ortungsfunkdienst |
| 36 – 37 | Fester Funkdienst<br>Beweglicher Funkdienst<br>Erderkundungsfunkdienst über Satelliten (passiv)<br>Weltraumforschungsfunkdienst (passiv) |
| 37 – 37,5 | Beweglicher Funkdienst |
| 37,5 – 39,5 | Fester Funkdienst<br>Beweglicher Funkdienst<br>Fester Funkdienst über Satelliten (Weltraum-Erde) |

| | |
|---|---|
| 39,5 – 40,5 | Fester Funkdienst<br>Fester Funkdienst über Satelliten (Weltraum-Erde)<br>Beweglicher Funkdienst<br>Beweglicher Funkdienst über Satelliten (Weltraum-Erde) |
| 40,5 – 42,5 | Rundfunkdienst über Satelliten<br>Rundfunkdienst<br>Fester Funkdienst<br>Beweglicher Funkdienst |
| 42,5 – 43,5 | Fester Funkdienst<br>Fester Funkdienst über Satelliten (Erde-Weltraum)<br>Radioastronomiefunkdienst |
| 43,5 – 47 | Beweglicher Funkdienst<br>Beweglicher Funkdienst über Satelliten<br>Navigationsfunkdienst<br>Navigationsfunkdienst über Satelliten |
| 47 – 47,2 | Amateurfunkdienst<br>Amateurfunkdienst über Satelliten |
| 47,2 – 50,2 | Fester Funkdienst<br>Fester Funkdienst über Satelliten (Erde-Weltraum) |
| 50,2 – 50,4 | Fester Funkdienst<br>Bowoglicher Funkdienst<br>Erderkundungsfunkdienst über Satelliten (passiv)<br>Weltraumforschungsfunkdienst (passiv) |
| 50,4 – 51,4 | Fester Funkdienst<br>Beweglicher Funkdienst<br>Fester Funkdienst über Satelliten<br>Beweglicher Funkdienst über Satelliten (Erde-Weltraum) |

| | |
|---|---|
| 51,4 – 54,25 | Radioastronomiefunkdienst<br>Erderkundungsfunkdienst über Satelliten (passiv)<br>Weltraumforschungsfunkdienst (passiv) |
| 54,25 – 58,2 | Intersatellitenfunkdienst<br>Beweglicher Funkdienst<br>Nichtnavigatorischer Ortungs-funkdienst<br>Erderkundungsfunkdienst über Satelliten (passiv)<br>Weltraumforschungsfunkdienst (passiv) |
| 58,2 – 59 | Erderkundungsfunkdienst über Satelliten (passiv)<br>Weltraumforschungsfunkdienst (passiv) |
| 59 – 64 | Fester Funkdienst<br>Beweglicher Funkdienst<br>Intersatellitenfunkdienst<br>Nichtnavigatorischer Ortungs-funkdienst |
| 64 – 65 | Radioastronomiefunkdienst<br>Erderkundungsfunkdienst über Satelliten (passiv)<br>Weltraumforschungsfunkdienst (passiv) |
| 65 – 66 | Erderkundungsfunkdienst über Satelliten<br>Weltraumforschungsfunkdienst<br>Fester Funkdienst<br>Beweglicher Funkdienst |

| | |
|---|---|
| 66 – 71 | Beweglicher Funkdienst<br>Beweglicher Funkdienst über Satelliten<br>Navigationsfunkdienst<br>Navigationsfunkdienst über Satelliten |
| 71 – 74 | Fester Funkdienst<br>Beweglicher Funkdienst<br>Fester Funkdienst über Satelliten (Erde-Weltraum)<br>Beweglicher Funkdienst über Satelliten (Erde-Weltraum) |
| 74 – 75,5 | Fester Funkdienst<br>Fester Funkdienst über Satelliten (Erde-Weltraum)<br>Beweglicher Funkdienst |
| 75,5 – 76 | Amateurfunkdienst<br>Amateurfunkdienst über Satelliten |
| 78 – 81 | Nichtnavigatorischer Ortungsfunkdienst<br>Amateurfunkdienst<br>Amateurfunkdienst über Satelliten |
| 81 – 84 | Fester Funkdienst<br>Beweglicher Funkdienst<br>Fester Funkdienst über Satelliten (Weltraum-Erde)<br>Beweglicher Funkdienst über Satelliten (Weltraum-Erde) |
| 84 – 86 | Rundfunkdienst<br>Rundfunkdienst über Satelliten<br>Fester Funkdienst<br>Beweglicher Funkdienst |
| 86 – 92 | Radioastronomiefunkdienst<br>Erderkundungsfunkdienst über Satelliten (passiv)<br>Weltraumforschungsfunkdienst (passiv) |

| | |
|---|---|
| 92 – 95 | Fester Funkdienst<br>Fester Funkdienst über Satelliten (Erde-Weltraum)<br>Nichtnavigatorischer Ortungsfunkdienst<br>Beweglicher Funkdienst |
| 95 – 100 | Beweglicher Funkdienst<br>Beweglicher Funkdienst über Satelliten<br>Navigationsfunkdienst<br>Navigationsfunkdienst über Satelliten<br>Nichtnavigatorischer Ortungsfunkdienst |
| 100 – 102 | Erderkundungsfunkdienst über Satelliten (passiv)<br>Weltraumforschungsfunkdienst (passiv)<br>Fester Funkdienst<br>Beweglicher Funkdienst |
| 102 – 105 | Fester Funkdienst<br>Fester Funkdienst über Satelliten (Weltraum-Erde)<br>Beweglicher Funkdienst |
| 105 – 116 | Radioastronomiefunkdienst<br>Erderkundungsfunkdienst über Satelliten (passiv)<br>Weltraumforschungsfunkdienst (passiv) |
| 116 – 126 | Fester Funkdienst<br>Beweglicher Funkdienst<br>Intersatellitenfunkdienst<br>Erderkundungsfunkdienst über Satelliten (passiv)<br>Weltraumforschungsfunkdienst (passiv) |

| | |
|---|---|
| 126 – 134 | Fester Funkdienst<br>Beweglicher Funkdienst<br>Intersatellitenfunkdienst<br>Nichtnavigatorischer Ortungs-funkdienst |
| 134 – 142 | Beweglicher Funkdienst<br>Beweglicher Funkdienst über Satelliten<br>Navigationsfunkdienst<br>Navigationsfunkdienst über Satelliten<br>Nichtnavigatorischer Ortungs funkdienst |
| 142 – 144 | Amateurfunkdienst<br>Amateurfunkdienst über Satelliten |
| 144 – 149 | Nichtnavigatorischer Ortungs-funkdienst<br>Amateurfunkdienst<br>Amateurfunkdienst über Satelliten |
| 149 – 150 | Fester Funkdienst<br>Fester Funkdienst über Satelliten (Weltraum-Erde) |
| 150 – 151 | Erderkundungsfunkdienst über Satelliten (passiv)<br>Weltraumforschungsfunkdienst (passiv)<br>Radioastronomiefunkdienst |
| 151 – 164 | Fester Funkdienst<br>Fester Funkdienst über Satelliten (Weltraum-Erde)<br>Beweglicher Funkdienst |
| 164 – 168 | Radioastronomiefunkdienst<br>Erderkundungsfunkdienst über Satelliten (passiv)<br>Weltraumforschungsfunkdienst (passiv) |

| | |
|---|---|
| 168 – 170 | Fester Funkdienst<br>Beweglicher Funkdienst |
| 170 – 174,5 | Fester Funkdienst<br>Beweglicher Funkdienst<br>Intersatellitenfunkdienst |
| 174,5 – 176,5 | Erderkundungsfunkdienst über Satelliten (passiv)<br>Weltraumforschungsfunkdienst (passiv)<br>Radioastronomiefunkdienst |
| 176,5 – 182 | Fester Funkdienst<br>Beweglicher Funkdienst<br>Intersatellitenrundfunkdienst |
| 182 – 185 | Radioastronomiefunkdienst<br>Erderkundungsfunkdienst über Satelliten (passiv)<br>Weltraumforschungsfunkdienst (passiv) |
| 185 – 190 | Fester Funkdienst<br>Intersatellitenfunkdienst<br>Beweglicher Funkdienst |
| 190 – 200 | Beweglicher Funkdienst<br>Beweglicher Funkdienst über Satelliten<br>Navigationsfunkdienst<br>Navigationsfunkdienst über Satelliten |
| 200 – 202 | Fester Funkdienst<br>Beweglicher Funkdienst<br>Erderkundungsfunkdienst über Satelliten (passiv)<br>Weltraumforschungsfunkdienst (passiv) |
| 202 – 217 | Fester Funkdienst<br>Fester Funkdienst über Satelliten (Erde-Weltraum)<br>Beweglicher Funkdienst |

| | |
|---|---|
| 217 – 231 | Radioastronomiefunkdienst<br>Erderkundungsfunkdienst über Satelliten<br>Weltraumforschungsfunkdienst (passiv) |
| 231 – 235 | Fester Funkdienst<br>Fester Funkdienst über Satelliten (Weltraum-Erde)<br>Beweglicher Funkdienst<br>Nichtnavigatorischer Ortungsfunkdienst |
| 235 – 238 | Erderkundungsfunkdienst über Satelliten (passiv)<br>Fester Funkdienst<br>Fester Funkdienst über Satelliten (Weltraum-Erde)<br>Beweglicher Funkdienst<br>Weltraumforschungsfunkdienst (passiv) |
| 238 – 241 | Fester Funkdienst<br>Fester Funkdienst über Satelliten (Weltraum-Erde)<br>Beweglicher Funkdienst<br>Nichtnavigatorischer Ortungsfunkdienst |
| 241 – 248 | Nichtnavigatorischer Ortungsfunkdienst<br>Amateurfunkdienst<br>Amateurfunkdienst über Satelliten |
| 248 – 250 | Amateurfunkdienst<br>Amateurfunkdienst über Satelliten |
| 250 – 252 | Radioastronomiefunkdienst<br>Erderkundungsfunkdienst über Satelliten (passiv)<br>Weltraumforschungsfunkdienst (passiv) |

| | |
|---|---|
| 252 – 261 | Beweglicher Funkdienst<br>Beweglicher Funkdienst über Satelliten<br>Navigationsfunkdienst<br>Navigationsfunkdienst über Satelliten |
| 261 – 265 | Beweglicher Funkdienst<br>Beweglicher Funkdienst über Satelliten<br>Navigationsfunkdienst<br>Navigationsfunkdienst über Satelliten<br>Radioastronomiefunkdienst |
| 265 – 275 | Fester Funkdienst<br>Fester Funkdienst über Satelliten (Erde-Weltraum)<br>Beweglicher Funkdienst<br>Radioastronomiefunkdienst |
| 275 – 400 | nicht zugewiesen |

*(Abb.: Bosch)*

# Stichwortregister

# Empfänger für UKW-Sprechfunk

Zum Empfang der in diesem Buch beschriebenen Sprechfunkdienste im UKW-Bereich gibt es im Fachhandel eine große Auswahl von Empfangsgeräten. Die Palette reicht vom billigen Wegwerfgerät (wie sie oft in Kleinanzeigen angeboten werden) über leistungsfähige Handgeräte und universell einsetzbare Empfänger bis hin zu semi-professionellen Geräten mit Spektrum-Monitor und vielen technischen Raffinessen. Häufig werden diese Geräte übrigens auch als Scanner bezeichnet.

Alle diese Empfänger dürfen neuerdings in der Bundesrepublik Deutschland gekauft und zum Empfang bereitgehalten werden, sofern mit dem Gerät mindestens ein Rundfunkbereich empfangen werden kann. Nach wie vor verboten ist aber das Abhören sämtlicher Funkdienste, die nicht für die Öffentlichkeit bestimmt sind! Bitte beachten Sie dazu auch die Hinweise auf Seite 4 am Anfang dieses Buches!

# Die ganze Welt im Radio

Auf Kurzwelle können Sie Sender aus fast jedem Land der Welt empfangen – viele davon senden sogar in Deutsch! Zahlreiche interessante Sendungen kommen von allen Erdteilen zu Ihnen ins Haus: Nachrichten aus Montreal, südamerikanische Folklore, chinesische Kochrezepte, Reisetips aus der Türkei, Kommentare und Berichte von überall, Wunschkonzerte, Sport und Kultur. Das „Gewußt wie" des weltweiten Empfangs vermittelt Ihnen unser Buch:

## Weltweit Radio hören

Dieses erfolgreiche Buch zum Hobby Weltempfang wendet sich an alle Anfänger. Es ist die ideale Einführung in die faszinierende Welt des Kurzwellenradios und enthält viele praktische Tips zum weltweiten Empfang, Vorstellung der wichtigsten Sender, Hinweise auf Sendezeiten und Frequenzen, Empfänger, Antennen und viele nützliche Informationen.

128 Seiten mit zahlreichen Fotografien und Abbildungen. Preis: DM 14,60

## CQ, QRX & Co.

### Abkürzungen und Codes im Funkverkehr

Das handliche, alles umfassende Nachschlagewerk, in dem wirklich alle Abkürzungen verzeichnet sind, die im täglichen Funkgeschehen, in Unterlagen, Zeitschriften und Büchern auftauchen. Inklusive der kompletten Q- und Z-Codes.

176 Seiten, Preis: DM 14,60

# Sender & Frequenzen

**Jahrbuch für weltweiten Rundfunk-Empfang**

Dieses Standardwerk für die deutschsprachigen Welthörer sollte neben keinem Empfänger fehlen – so urteilte die Fachzeitschrift „Radiowelt" über das Jahrbuch „Sender & Frequenzen". Es enthält alle wichtigen Informationen über sämtliche hörbaren Rundfunksender aus über 193 Ländern der Erde: Sendefrequenzen, Sendezeiten, Sendepläne, wertvolle Hinweise auf die besten Empfangschancen, Adressen. Weiterhin: Hörfahrpläne und komplette Frequenzlisten der Rundfunksender auf LW/MW/KW von 150 kHz bis 30 MHz, sowie auch für Anfänger alle Grundlagen und wichtigen Informationen über die Praxis des erfolgreichen Weltempfangs.

**Im Preis inbegriffen: Lieferung von drei Nachträgen** (je 48 Seiten) mit allen up-to-date Informationen im Laufe des Jahres. 496 Seiten, viele Abbildungen, Fotos und Tabellen. Preis: DM 44,80 (inklusive 3 Nachträge).

# Weltempfänger-Testbuch

Das Weltempfänger-Testbuch schafft „Durchblick" im Geräte-Dschungel. Wir sagen klipp und klar, welche Empfänger – für wen und für welchen Zweck – etwas taugen, und welche nicht.

Ausführliche Vorstellungen und Beurteilungen sämtlicher Kurzwellenempfänger. Außerdem viele leichtverständliche Erläuterungen und Erklärungen zur KW-Empfänger-Technik, Hinweise zur optimalen Bedienung und zum erfolgreichen Weltempfang. 176 Seiten im Großformat mit vielen Fotos und Abbildungen. Preis: DM 26,80

# Spezial-Frequenzliste 9 kHz – 30 MHz

**SSB-CW-FAX-RTTY – See- und Flugfunk, Presseagenturen, Zeitzeichen und „spezielle" Funkdienste**

Das unentbehrliche Nachschlagewerk über die „speziellen" Sender auf Kurzwelle. Über 12.000 Sendernennungen über sämtliche Funkdienste (ausgenommen Rundfunk) mit allen wichtigen Angaben. Anhang: Rufzeichenliste und Adressenverzeichnis.

*„Die beste, aktuellste und preiswerteste Frequenzliste ihrer Art."* (so urteilte die Zeitschrift „funk").

352 Seiten, Preis: DM 34,80

# Rundfunk auf UKW

Dieses Buch befaßt sich mit unserem heimischen Rundfunk und gibt einen detaillierten Überblick über alle Rundfunkanstalten und Privatradios. Sie finden darin ausführliche Sendertabellen und eine komplette UKW-Frequenzliste (BRD und angrenzendes Ausland) sowie ein Kapitel mit Technik-Tips für besseren Empfang. Damit ist dieses Buch eine große Hilfe für jeden Rundfunkhörer.

4. Auflage 1993, 184 Seiten, Preis: DM 19,80

Ausführliche Vorstellungen dieser beiden Bücher finden Sie auf Seite 91 (Seefunk) bzw. Seite 23 (Flugfunk).

# Leserservice

Der **Siebel Verlag** ist der Spezialist für Sendertabellen und Funk-Hobbybücher. Ausführliche Informationen über sämtliche von uns angebotenen Bücher gibt der jeweils aktuelle **Funk-Buch-Katalog**, den wir **auf Anfrage kostenlos** und unverbindlich verschicken.

**Bestellung:** Die zuvor genannten Bücher (und noch viele andere) können Sie direkt über den Leserservice erhalten.

**Postkarte genügt** – Wir liefern sofort mit Rechnung.

Leserbriefe und Bestellungen richten Sie bitte an:

**Siebel Verlag – Leserservice**

Auf dem Steinbüchel 6, D-53340 Meckenheim
Telefon: (0 22 25) 30 32, Telefax: (0 22 25) 33 78